Anatomia humana

O selo DIALÓGICA da Editora InterSaberes faz referência às publicações que privilegiam uma linguagem na qual o autor dialoga com o leitor por meio de recursos textuais e visuais, o que torna o conteúdo muito mais dinâmico. São livros que criam um ambiente de interação com o leitor – seu universo cultural, social e de elaboração de conhecimentos –, possibilitando um real processo de interlocução para que a comunicação se efetive.

Anatomia humana

Sérgio Luiz Ferreira Andrade

EDITORA intersaberes

Rua Clara Vendramin, 58 • Mossunguê • CEP 81200-170 • Curitiba • PR • Brasil
Fone: (41) 2106-4170 • www.intersaberes.com • editora@editoraintersaberes.com.br

Conselho editorial
Dr. Ivo José Both (presidente)
Dr.ª Elena Godoy
Dr. Neri dos Santos
Dr. Ulf Gregor Baranow

Editora-chefe
Lindsay Azambuja

Gerente editorial
Ariadne Nunes Wenger

Analista editorial
Ariel Martins

Preparação de originais
Mariana Bordignon

Edição de texto
Natasha Saboredo
Camila Rosa

Capa
Charles L. da Silva (*design*)
ballemans/Shutterstock (imagem)

Projeto gráfico
Luana Machado Amaro

Diagramação
Maiane Gabriele de Araujo

Equipe de *design*
Luana Machado Amaro
Charles L. da Silva
Laís Galvão

Iconografia
Celia Kikue Suzuki
Regina Claudia Cruz Prestes

Dados Internacionais de Catalogação na Publicação (CIP)
(Câmara Brasileira do Livro, SP, Brasil)

Andrade, Sérgio Luiz Ferreira
  Anatomia humana/Sérgio Luiz Ferreira Andrade.
Curitiba: InterSaberes, 2019.

  Bibliografia.
  ISBN 978-85-227-0158-2

  1. Anatomia humana 2. Corpo humano I. Título.

19-29774   CDD-611

Índices para catálogo sistemático:
1. Anatomia humana: Ciências médicas 611
2. Corpo humano: Anatomia: Ciências médicas 611

Maria Paula C. Riyuzo – Bibliotecária – CRB-8/7639

1ª edição, 2019.

Foi feito o depósito legal.

Informamos que é de inteira responsabilidade do autor a emissão de conceitos.

Nenhuma parte desta publicação poderá ser reproduzida por qualquer meio ou forma sem a prévia autorização da Editora InterSaberes.

A violação dos direitos autorais é crime estabelecido na Lei n. 9.610/1998 e punido pelo art. 184 do Código Penal.

Sumário

Apresentação • 7

Como aproveitar ao máximo este livro • 9

Capítulo 1

Sistema musculoesquelético • 13

1.1 História da anatomia humana • 16

1.2 Planos anatômicos e nomenclaturas gerais • 20

1.3 Sistemas ósseo e articular • 23

1.4 Sistema muscular • 47

1.5 Aplicações práticas • 64

Capítulo 2

Sistema cardiorrespiratório • 71

2.1 Circulação sanguínea • 74

2.2 Coração • 76

2.3 Artérias e veias • 81

2.4 Sistema respiratório • 85

2.5 Aplicações práticas • 94

Capítulo 3

Sistema endócrino • 99

3.1 Glândulas suprarrenais • 102

3.2 Gônadas • 103

3.3 Hipófise · 105

3.4 Tireoide · 107

3.5 Aplicações práticas · 108

Capítulo 4

Sistema digestório · 113

4.1 Digestão · 116

4.2 Boca, faringe e esôfago · 117

4.3 Estômago e intestinos · 120

4.4 Órgãos acessórios na digestão · 123

4.5 Aplicações práticas · 126

Capítulo 5

Sistema urinário · 131

5.1 Sistema excretor · 134

5.2 Rins · 135

5.3 Ureteres e bexiga · 137

5.4 Uretras masculina e feminina · 139

5.5 Aplicações práticas · 141

Capítulo 6

Sistema nervoso · 145

6.1 Organização funcional do sistema nervoso · 148

6.2 Sistema nervoso central – encéfalo · 150

6.3 Sistema nervoso central – medula espinal · 154

6.4 Sistema nervoso periférico · 156

6.5 Aplicações práticas · 160

Considerações finais · 165

Glossário · 167

Referências · 175

Bibliografia comentada · 177

Respostas · 179

Sobre o autor · 181

Apresentação

O estudo do corpo humano é, sem dúvida, uma tarefa desafiadora e intrigante. Ao longo dos séculos, o homem aumentou seu interesse científico pelo corpo humano à medida que os mistérios de seu funcionamento e de sua arquitetura foram sendo desvendados, seja por razões pragmáticas, seja por mera curiosidade acadêmica. Nesse sentido, é impossível dissociar a anatomia humana de profissões que dependem dela para fundamentar suas práticas, tais como a medicina, a educação física, a fisioterapia, a enfermagem e a biologia.

Longe de ser um conhecimento isolado, independente, a anatomia humana é uma ciência cujo estudo se justifica em si mesmo, pois serve de introdução a outro vasto campo do conhecimento: a fisiologia. A congruência entre a fisiologia e a anatomia humana possibilita o entendimento das causas e das consequências da interação do corpo com o meio que o cerca, bem como das propriedades intrínsecas que o distingue de outros animais.

No Capítulo 1, trataremos da forma e da função dos ossos, os principais alicerces de sustentação e proteção do corpo. Em seguida, discorremos sobre o nome e a ação dos músculos nas articulações e sobre sua extraordinária variação de movimentos.

No Capítulo 2, demonstraremos que o sistema cardiorrespiratório é composto por uma rede de vasos sanguíneos que formam um imenso circuito fechado dependente do coração, que funciona como uma bomba hidráulica central para propulsionar o sangue. Também descreveremos a trajetória do ar em cada estrutura das vias aéreas, desde a entrada pelo nariz até chegar aos pulmões.

Nos Capítulos 3 e 4, analisaremos, respectivamente, as glândulas do sistema endócrino e cada parte que forma o longo caminho do trato gastrointestinal.

No Capítulo 5, elucidaremos a função do sistema urinário, tendo em vista as diferenças anatômicas entre homens e mulheres. Por fim, no Capítulo 6, examinaremos a complexidade funcional e estrutural da neuroanatomia, identificando os principais nervos e estruturas do sistema nervoso central.

Convidamos você, leitor, a explorar as fascinantes particularidades da anatomia de cada sistema de nosso organismo. Os capítulos foram elaborados com o desafio de explicar temas complexos de forma simples, a fim de que sua leitura não se limite a uma única experiência e, assim, se torne mais enriquecedora.

Boa leitura!

Como aproveitar ao máximo este livro

Empregamos nesta obra recursos que visam enriquecer seu aprendizado, facilitar a compreensão dos conteúdos e tornar a leitura mais dinâmica. Conheça a seguir cada uma dessas ferramentas e saiba como elas estão distribuídas no decorrer deste livro para bem aproveitá-las.

Introdução do capítulo

Logo na abertura do capítulo, informamos os temas de estudo e os objetivos de aprendizagem que serão nele abrangidos, fazendo considerações preliminares sobre as temáticas em foco.

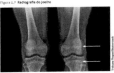

Preste atenção!

Apresentamos informações complementares a respeito do assunto que está sendo tratado.

Síntese

Ao final de cada capítulo, relacionamos as principais informações nele abordadas a fim de que você avalie as conclusões a que chegou, confirmando-as ou redefinindo-as.

Atividades de autoavaliação

Apresentamos estas questões objetivas para que você verifique o grau de assimilação dos conceitos examinados, motivando-se a progredir em seus estudos.

Atividades de aprendizagem

Aqui apresentamos questões que aproximam conhecimentos teóricos e práticos a fim de que você analise criticamente determinado assunto.

Bibliografia comentada

DÂNGELO, J. G.; FATTINI, C. A. **Anatomia humana sistêmica e segmentar**. 2. ed. São Paulo: Atheneu, 2004.

Esse livro é um dos poucos da literatura nacional que foi editado com as duas abordagens da anatomia humana: a sistêmica, que apresenta os órgãos comuns que interagem para uma função geral; e a segmentar, que apresenta todas as estruturas localizadas em um mesmo segmento corporal, tal como o tórax, o abdome, o pescoço e os membros inferiores.

MOORE, K. L; DALLEY, A. F.; AGUR, A. M. R. **Anatomia orientada para a clínica**. Tradução de Claudia Lucia Caetano de Araujo. 5. ed. Rio de Janeiro: Guanabara Koogan, 2007.

Essa obra faz correlações clínicas com a anatomia humana, citando doenças, traumas e anomalias estruturais e congênitas. As ilustrações são ricas em detalhes e buscam explicar o mecanismo de alguns traumas.

NETTER, F. H. **Atlas de anatomia humana**. Tradução de Adilson Dias Salles. 4. ed. Rio de Janeiro: Saunders Elsevier, 2008.

Trata-se de um dos maiores atlas de anatomia do mundo. As ilustrações de Frank Netter são verdadeiras obras de arte, aproveitadas em desenas de livros e digitalizadas em *softwares* didáticos.

SPENCE, A. P. **Anatomia humana básica**. Tradução de Edson Aparecido Liberti e Sergio Melhem. 2. ed. Barueri: Manole, 1991.

Essa obra se destaca pela organização dos tópicos e pela clareza de sua redação– por exemplo, as palavras-chave são apresentadas em negrito ao longo dos capítulos. Suas gravuras são ricas em detalhes e seu glossário para consultas é denso em conteúdo.

Bibliografia comentada

Nesta seção, comentamos algumas obras de referência para o estudo dos temas examinados ao longo do livro.

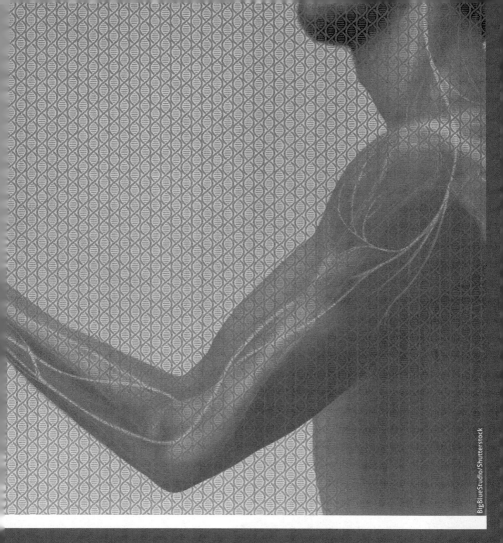

Capítulo 1

Sistema musculoesquelético

Neste capítulo, demonstraremos a importância da anatomia humana para o desenvolvimento das ciências da saúde. Nesse sentido, é importante esclarecer que a evolução do estudo da anatomia humana dependeu não só do aprimoramento de técnicas e de recursos, mas, sobretudo, da quebra de paradigmas sociais até então sustentados pela Igreja, que proibiu – sob pena de morte – seu estudo por vários séculos.

Em seguida, apresentaremos as definições e as convenções formais de conceitos genéricos da anatomia. Por fim, descreveremos a anatomia do aparelho locomotor, detalhando a organização, a estrutura e as formas dos sistemas esquelético, articular e muscular.

1.1 História da anatomia humana

A origem do termo *anatomia* vem da composição de duas palavras gregas: *ana*, que significa "parte", e *tome*, que significa "corte". Portanto, a palavra significa essencialmente "cortar em partes". É importante entender que todos os termos anatômicos têm sua origem no grego ou no latim. Sabendo o significado dos substantivos, dos prefixos e dos sufixos utilizados na anatomia, é muito mais fácil memorizar e compreender a localização, o aspecto e a função das estruturas anatômicas. Por exemplo, os ossos cuneiformes (*cuneus* – "cunha"; *morphé* – "forma") foram assim denominados em virtude de seu aspecto de cunha (Fernandes, 1999).

A anatomia teve sua origem na Itália, no século V a.C., com o médico e filósofo Alcmeón (ou Alcmeão), um discípulo de Pitágoras (Margotta, 1998). Naquela épcca, o estudo da anatomia era feito predominantemente em cadáveres de animais, sendo as observações aplicadas grosseiramente ao corpo humano. Manuscritos daquela época relatam que Alcmeón foi o primeiro a fazer inferências sobre o papel do cérebro nas funções cognitivas, visto que percebeu, em dissecações, que várias terminações nervosas findavam sua trajetória nesse órgão. Mais tarde, no século III a.C., o estudo sistemático e formal da anatomia humana ganhou força na Escola de Medicina de Alexandria, com os médicos gregos Herófilo e Erasístrato. Herófilo foi o responsável por muitos dos termos anatômicos que são usados formalmente até hoje, tendo sido também o pioneiro na dissecação de nervos, vasos sanguíneos e glândulas. Porém, a partir do ano 150 a.C., a dissecação de cadáveres para fins de estudo foi proibida por razões éticas e religiosas, podendo o estudioso infrator ser condenado à morte. A igreja católica postulava que o corpo era uma "moradia de Deus", mesmo após a morte, e que as dissecações seriam uma forma de desprezo a ela (Margotta, 1998).

Apesar das proibições, dissecações continuaram ocorrendo clandestinamente em razão da inquietante curiosidade dos que buscavam expandir o conhecimento científico sobre os mistérios do interior do corpo humano. Nesse sentido, o grego Cláudio Galeno (ou Galeno de Pérgamo) foi o mais importante médico investigativo do século II, tendo dissecado macacos e porcos e feito inferências comparativas com a anatomia do corpo humano. Embora suas conjecturas comparativas tenham sido razoáveis, a confirmação de seus achados para a anatomia humana ficou impossibilitada por proibições éticas e religiosas (Lyons; Petrucelli, 1997).

Possivelmente, nos primeiros séculos depois de Cristo, o estudo da anatomia ganhou força muito mais por razões práticas do que intelectuais. As constantes batalhas resultavam em grandes ferimentos, que requeriam conhecimento para serem tratados. O óbito de pessoas importantes e o surgimento de pestes também eram motivos de investigação anatômica, a fim de esclarecer suas causas. As ilustrações com alusão anatômica eram meramente artísticas e tecnicamente grosseiras. Entretanto, no século XV, o Renascentismo fez com que artistas do norte da Itália se interessassem cada vez mais pela anatomia humana, resultando em ilustrações com maior detalhamento e fidedignidade. Entre os artistas renascentistas mais talentosos, Leonardo da Vinci foi pioneiro na elaboração de ilustrações com rigor técnico. Até hoje são conservadas centenas de ilustrações suas do esqueleto, dos nervos, dos músculos, de fetos em úteros e de vasos sanguíneos.

Figura 1.1 Ilustração de músculos, por Leonardo da Vinci

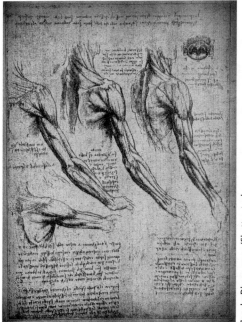

DA VINCI, Leonardo. **Músculos do braço em quatro ângulos**. 289 × 199 mm. Biblioteca Real da Dinamarca, Copenhague, Dinamarca.

Em 1953, Andreas Vesalius (ou Vesálio) publicou uma das mais importantes obras da história da medicina, o *De Humani Corporis*. Essa obra concedeu a Vesalius o título de pai da anatomia humana moderna (Lyons; Petrucelli, 1997).

Preste atenção!

As nomenclaturas anatômicas passaram por diversas alterações ao longo dos séculos. Documentos[1] reportam que um sistema internacional de terminologia teve origem em 1887, tendo sido

---

[1] Documentos escritos à mão pelo cirurgião Charles Barrett Lockwood no primeiro encontro oficial da Sociedade Internacional de Anatomia, ocorrido em 6 de maio de 1887 (Moore; Dalley; Agur, 2007).

aprovado em 1895 no IX Congresso da Sociedade de Anatomistas, em Basel, na Suíça. Foi denominado *Nomina Anatomica* e reduziu o número de termos anatômicos de 50.000 para 5.528. Esse sistema sofreu revisões até ser publicada a primeira edição da *Nomina Anatomica* em 1955, em Paris.

Em 1989, no XIII Congresso de Anatomia, realizado no Rio de Janeiro, a Federação Internacional de Anatomistas sugeriu a mudança da *Nomina Anatomica* para *Terminologia Anatomica*, tendo em vista a necessidade de uma terminologia mais atual, simplificada e uniforme. Apesar da resistência por parte de algumas associações de anatomistas, a *Terminologia Anatomica* foi aceita e publicada em 1998 (Moore; Dalley; Agur, 2007).

Atualmente, o estudo da anatomia humana utiliza vários recursos tecnológicos que permitem seu estudo detalhado até mesmo em pessoas vivas, por meio de técnicas como a endoscopia, a radiologia, a ressonância magnética e a ecografia. Além disso, na técnica de conservação de cadáveres, tem-se hoje a **plastinação**, uma técnica moderna criada pelo anatomista alemão Gunther von Hagens que consiste em drenar todo o líquido corporal dos cadáveres e perfundir um polímero líquido dentro dos vasos sanguíneos. O polímero se torna rígido dentro do corpo e, assim, mantém boa parte das texturas e cores naturais de um corpo vivo, sem necessidade de manutenção. A plastinação causou polêmica em diversos países pela possibilidade de manipulação dos cadáveres como estátuas de obras de arte, o que levantou dúvida sobre o caráter científico que deu origem à técnica, visto o lucro gerado pela exposição desses corpos fora do ambiente acadêmico.

Figura 1.2 Espécime anatômico plastinado

Gunther von Hagens' BODY WORLDS, Institute for Plastination, Heidelberg, Germany, www.bodyworlds.com.

Na Figura 1.2, podemos conferir um cadáver plastinado exposto como se estivesse segurando sua própria pele, inteiramente dissecada. A coloração aparentemente natural dos músculos é mantida pelo corante contido no polímero injetado nos vasos sanguíneos. Exposições como essa estão presentes em diversos países, pois a técnica de von Hagens foi difundida entre vários anatomistas pelo mundo.

1.2 Planos anatômicos e nomenclaturas gerais

O estudo da anatomia requer um rigoroso uso de nomenclaturas formais, convencionadas internacionalmente. Isso permite que todas as profissões relacionadas à área possam se comunicar por uma linguagem comum. Além disso, todos os planos e perspectivas têm como referência uma **posição anatômica**, na qual o corpo está em posição vertical, com os braços e as pernas estendidos, com o olhar para o horizonte e as palmas das mãos para a frente.

Entre os planos anatômicos, denominam-se *planos de corte* aqueles que permitem a observação de uma mesma parte do corpo seccionada (cortada) em três perspectivas (ou vistas). São elas: frontal, sagital e transversal.

O **plano frontal** (ou coronal) secciona uma parte do corpo e a separa em partes anterior (vista de frente) e posterior (vista de trás). O **plano sagital** (do latim *sagitta* – "seta"), por sua vez, separa uma parte do corpo em direita e esquerda. Caso o plano sagital divida o corpo exatamente em sua linha mediana (que passa pelo meio), ele é denominado *sagital mediano*. Por fim, o **plano transversal** secciona uma parte do corpo em partes superior e inferior.

Observe na Figura 1.3 esses planos de corte de forma ilustrada.

Figura 1.3 Posição anatômica e planos de corte

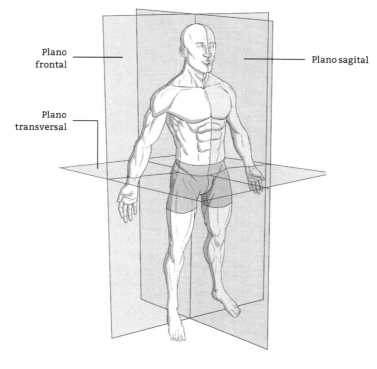

As **perspectivas de observação** de uma parte do corpo seguem a seguinte nomenclatura:

- **anterior**: vista de frente;
- **posterior**: vista de trás;
- **lateral**: vista de lado, em direção à linha mediana;
- **medial**: vista de lado, afastando-se da linha mediana;
- **superior**: vista de cima;
- **inferior**: vista de baixo.

Confira na Figura 1.4 a representação ilustrada dessas perspectivas.

Figura 1.4 Perspectivas de observação das posições anatômicas

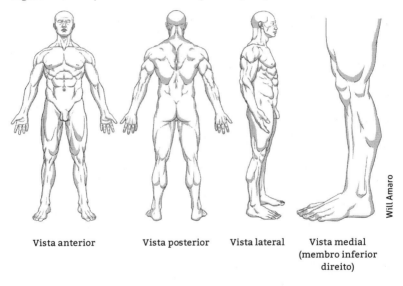

Vista anterior   Vista posterior   Vista lateral   Vista medial (membro inferior direito)

Para fins didáticos, os segmentos corporais são anatomicamente divididos nas seguintes partes:

- cabeça;
- pescoço;
- tronco – subdividido em tórax, abdome, pelve e dorso;

- membros superiores – subdivididos em ombro, braço, antebraço e mão;
- membros inferiores – subdivididos em quadril, coxa, perna e pé.

As extremidades de um segmento corporal são denominadas corforme sua proximidade com relação ao corpo. Assim, o termo *extremidade* **proximal** vem de "próximo", ao passo que *extremidade* **distal** vem de "distante". Ao analisarmos a perna, por exemplo, percebemos que sua extremidade proximal se liga ao joelho e sua extremidade distal ao tornozelo.

A divisão do corpo humano em segmentos permitiu a separação didática de uma abordagem comum nos cursos de Medicina, denominada *abordagem segmentar*. Nela, estudam-se todas as estruturas (ossos, músculos, nervos, vasos sanguíneos, glândulas etc.) contidas em determinadas partes do corpo, como nos segmentos cabeça e pescoço. Por outro lado, diversos cursos de graduação adotam uma abordagem sistêmica da anatomia humana, na qual se estuda o conjunto de estruturas que se organizam e se integram para desempenhar uma função exclusiva em um único sistema. Por exemplo, o sistema urinário desempenha processos que nenhum outro sistema é capaz de fazer.

A abordagem sistêmica é a mais adotada nos cursos de graduação em Educação Física. Por essa razão, esta obra distribui o estudo de cada sistema em capítulos distintos, com a finalidade de facilitar sua compreensão sobre como as estruturas se relacionam no desempenho de uma mesma função vital (por exemplo, locomoção, circulação, respiração etc.).

1.3 Sistemas ósseo e articular

Os ossos são as estruturas responsáveis pela sustentação, pela rigidez e pela proteção mecânica do corpo. A comunicação entre ossos móveis ao redor de um eixo (como no cotovelo) formam alavancas que, com a ação dos músculos, permitem mover o corpo e produzir força contra objetos. Além disso, os ossos longos alojam em seu interior a medula óssea, responsável pela produção das células do sangue.

Durante o desenvolvimento embrionário, os condroblastos[2] produzem células de cartilagem, os **condrócitos**, os quais formam um molde de matriz cartilaginosa que, mais tarde, dará origem aos ossos longos do corpo (como o fêmur). Esse tecido inicialmente avascular, transparente, é a **cartilagem hialina**.

||| Importante!

A formação óssea a partir de matrizes de cartilagem hialina é denominada *ossificação endocondral* (do latim *endo* – "dentro"; e *chondros* – "cartilagem").

À medida que a cartilagem cresce, os condroblastos se calcificam e morrem, sendo substituídos por tecido ósseo. Com essa ossificação, formam-se o osso esponjoso e uma cavidade medular em seu interior. Outro tipo de formação óssea é a **ossificação intramembranosa**, responsável por gerar as placas ósseas do crânio. Nesse processo, vários centros primários de ossificação no interior de membranas de tecido conjuntivo desenvolvem osteoblastos[3] a partir do mesênquima[4]. Os osteoblastos produzem uma matriz óssea que se mineraliza, formando osteócitos.

---

[2]   Células progenitoras da matriz cartilaginosa. Estão presentes em grande quantidade ao redor da cartilagem.

[3]   Células ósseas jovens, responsáveis pela formação dos componentes não mineralizados (orgânicos) da matriz óssea.

[4]   Tecido conjuntivo primitivo de origem embrionária, derivado do mesoderma.

Figura 1.5 Etapas da formação e do crescimento ósseo endocondral

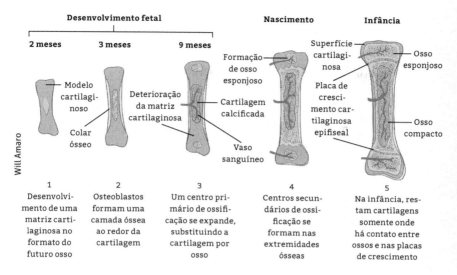

A expansão radial simultânea dos diversos centros de ossificação forma as placas ósseas do crânio. Ao nascer, essas placas ainda não estão unidas, o que explica a presença de pequenas aberturas no crânio do recém-nascido, as **fontanelas** ou **fontículos**, como ilustrado na Figura 1.6.

Figura 1.6 Fontanelas no crânio do recém-nascido

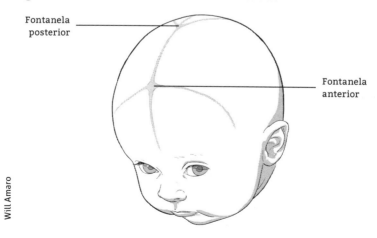

O crescimento dos ossos longos continua até a puberdade em razão das placas ricas em matriz cartilaginosa com alta atividade mitótica, localizadas entre a epífise e a diáfise. Essas placas, denominadas *placas epifisárias* ou *lâminas epifisárias*, calcificam-se progressivamente e são substituídas por tecido ósseo. As placas epifisárias desaparecem completamente ao final da puberdade. Assim, determina-se o fim do crescimento do comprimento dos ossos e se fecha completamente a junção entre epífise e diáfise, deixando-se somente uma linha epifisária inativa remanescente no local da placa.

Preste atenção!

A puberdade é a fase em que há maior secreção do hormônio do crescimento (*growth hormone* – GH), que acelera o aumento dos ossos (em comprimento) no período denominado *estirão do crescimento*.

Na Figura 1.7 a seguir, as setas apontam placas epifisárias no fêmur e na tíbia que podem ser vistas em uma radiografia de joelho.

Figura 1.7 Radiografia do joelho

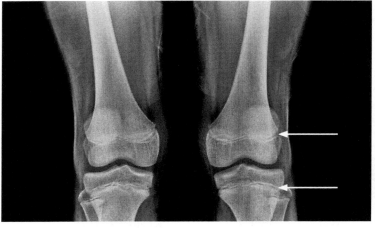

As superfícies das extremidades ósseas que mantêm contato entre si são protegidas por uma camada lisa e resistente de cartilagem avascular, a **cartilagem articular**. Essa camada é remanescente do processo de formação óssea endocondral (citado anteriormente) e tem como função a proteção contra o desgaste ósseo. A cartilagem é composta de condrócitos (*cito* – "célula"), colágeno e proteoglicanas. As proteoglicanas têm a função de reter água, o que confere à cartilagem a propriedade de deformar sob pressão e, depois, retomar sua forma inicial. O colágeno proporciona resistência à cartilagem. Com o envelhecimento, a síntese de colágeno diminui e a capacidade de reabsorver água se torna deficitária, o que leva à degeneração gradativa da superfície das cartilagens articulares. Esses são os mecanismos associados a doenças como **artrose** ou **osteoartrite**[5].

Na idade adulta, o esqueleto humano tem 206 ossos, classificados em **longos** (ex.: fêmur), **curtos** (ex.: cuboide), **planos** (ex.: escápula), **irregulares** (ex.: vértebra) e **sesamoides** (ex.: patela). Na Figura 1.8, apresentamos exemplos dessas categorias.

---

[5] Doenças articulares que causam dor, rigidez e inchaço – problemas que afetam as atividades diárias. Estão associadas, principalmente, ao envelhecimento, mas fatores hereditários e traumas também influenciam.

Figura 1.8 Tipos de ossos

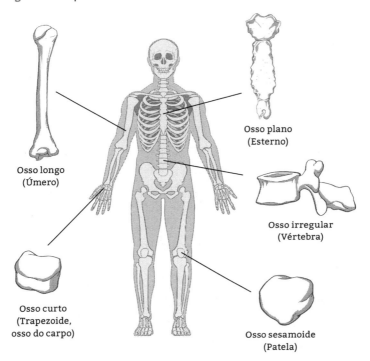

O esqueleto humano é didaticamente dividido em **axial** (do latim *axis* – "eixo"), que compreende os ossos da cabeça, a coluna vertebral, as costelas e o esterno; e **apendicular** (do latim *appendix* – "pendurado"), que contempla os ossos dos membros superiores e inferiores. Os ossos dos ombros, dos braços, dos antebraços e das mãos constituem coletivamente o **membro superior**, ao passo que os ossos do quadril, das coxas, das pernas e dos pés constituem coletivamente o **membro inferior**.

O contorno dos ossos é irregular e molda-se com o tempo. Durante o crescimento, os ossos são constantemente submetidos a **forças de compressão e de tração** – as primeiras são produzidas pelo peso do corpo e as últimas, por tendões e ligamentos. Até a idade adulta, essas forças causam modificações morfológicas permanentes nos ossos, dando origem a saliências, lâminas, cavidades e sulcos conhecidos como **acidentes ósseos**. Como o aspecto e o tamanho de cada acidente ósseo é único, cada um recebe um nome específico, como *tuberosidade da tíbia*, *cabeça do fêmur*, *tubérculo menor do úmero* e *espinha da escápula*. Acompanhe nas figuras a seguir exemplos dessa característica anatômica.

Figura 1.9 Visão geral do esqueleto

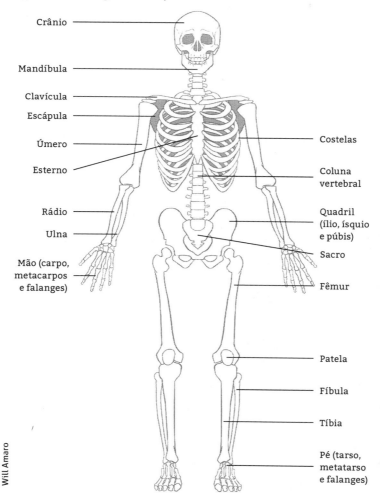

Figura 1.10 Subdivisão do esqueleto

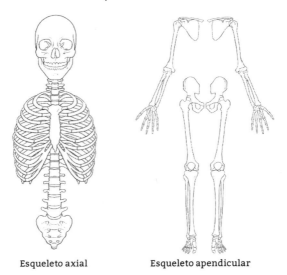

Esqueleto axial   Esqueleto apendicular

Figura 1.11 Crânio: vista anterior

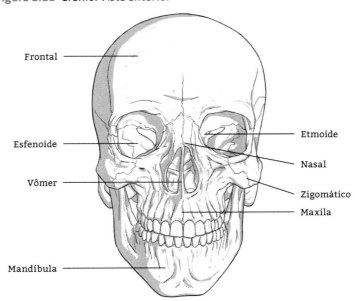

Figura 1.12 Crânio: vista lateral direita

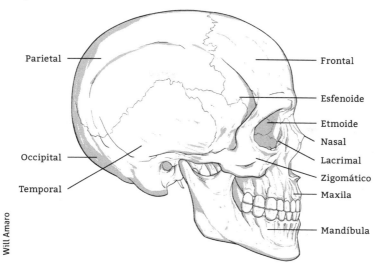

Figura 1.13 Coluna vertebral: vista lateral direita

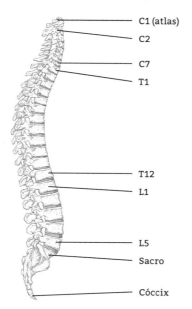

Figura 1.14 Terceira vértebra lombar: vista superior

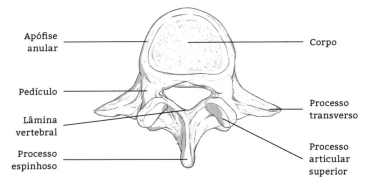

Figura 1.15 Terceira vértebra lombar: vista lateral esquerda

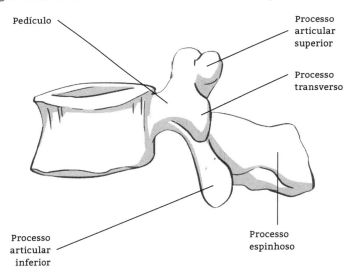

Figura 1.16 Gradil costal e vértebras torácicas: vista anterior

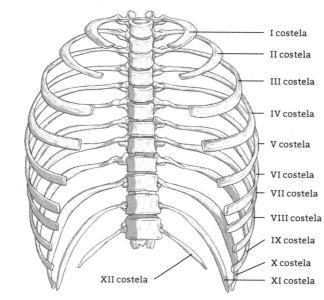

Figura 1.17 Escápula direita: vista anterior

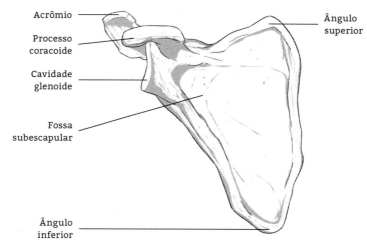

Figura 1.18 Escápula direita: vista posterior

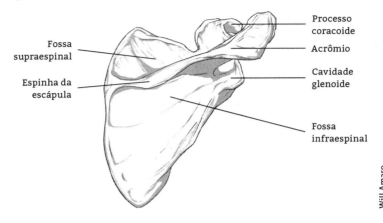

Figura 1.19 Clavícula direita: vista superior

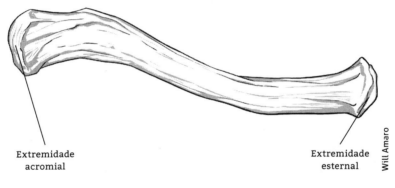

Figura 1.20 Úmero direito: vista anterior

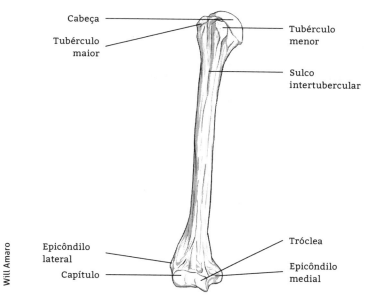

Figura 1.21 Rádio e ulna do antebraço direito: vista anterior

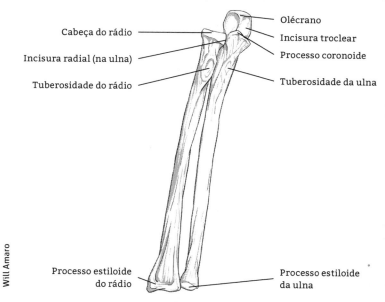

Figura 1.22 Quadril direito: vista lateral

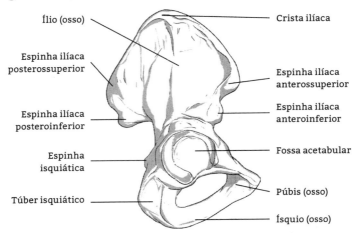

Figura 1.23 Fêmur direito: vista anterior

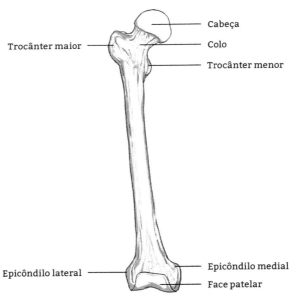

Figura 1.24 Fêmur direito: vista posterior

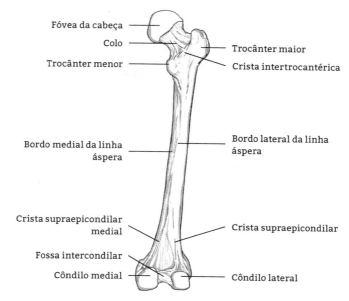

Figura 1.25 Patela direita: vista anterior

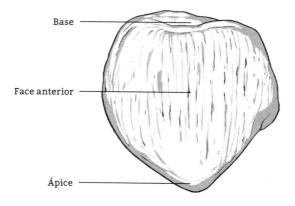

Figura 1.26 Patela direita: vista posterior

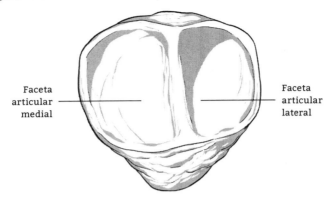

Figura 1.27 Tíbia e fíbula da perna direita: vista anterior

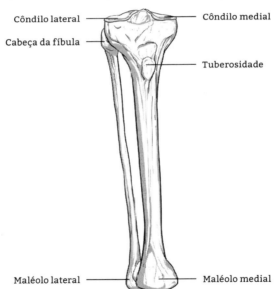

Figura 1.28 Pé direito: vista dorsal

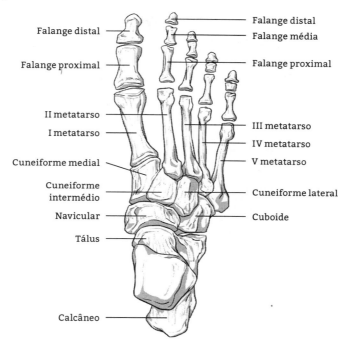

Uma **articulação** é a junção anatômica entre dois ossos. Dependendo do formato e dos elementos presentes entre os ossos, as articulações podem ser móveis ou imóveis. São classificadas conforme a estrutura anatômica e a mobilidade. Com relação à estrutura, as articulações apresentam três classificações:

- **fibrosas**, quando uma fina lâmina de tecido conjuntivo fibroso liga as margens dos ossos que se comunicam entre si (ex.: suturas do crânio);
- **cartilaginosas**, quando um disco flexível cartilaginoso liga partes ósseas (ex.: entre os corpos vertebrais);
- **sinoviais**, quando as partes ósseas comunicantes são encapsuladas e há uma cavidade lubrificada por um líquido viscoso (sinovial) que diminui o atrito entre as superfícies (ex.: joelho).

No que diz respeito à mobilidade, as articulações também são classificadas em três tipos:

- **sinartroses**, quando são imóveis ou apresentam mobilidade imperceptível (ex.: articulação tíbiofibular e dentes);
- **anfiartroses**, quando são pouco móveis ou apresentam baixa amplitude de movimento (ex.: sínfise púbica);
- **diartroses**, quando são amplamente móveis (ex.: ombro, cotovelo, punho, coxofemoral, joelho e tornozelo).

Cabe ressaltar que as articulações mais móveis apresentam maior complexidade anatômica e fisiológica, pois uma grande mobilidade implica uma complexa interação de ligamentos, músculos e nervos relacionados a uma única articulação. Por exemplo, a anatomia da articulação do ombro permite grandes amplitudes de movimento, que demandam a participação de diversos músculos atuando simultaneamente no úmero (glenoumeral) e na escápula (escapulotorácica).

As articulações sinoviais são de especial importância para o estudo da anatomia no contexto do movimento humano em virtude da grande mobilidade desses tipo de articulação. Todas as sinoviais são compostas por uma **membrana fibrosa**, que é formada por ligamentos e constitui a parede externa da cápsula articular; uma **membrana sinovial**, que reveste internamente a cápsula articular; uma **cavidade articular**, que é o espaço entre as superfícies ósseas comunicantes; e pelo **líquido sinovial**, que lubrifica e nutre a células das cartilagens articulares. O líquido sinovial, que explica o nome desse tipo de articulação, tem composição similar à do plasma sanguíneo, com alta concentração de ácido hialurônico[6]. Além desses elementos, algumas articulações

---

[6] Biopolímero orgânico presente em abundância no espaço entre as células de todos os tecidos biológicos. Sua produção diminui com o avanço da idade, deteriorando a elasticidade e a lubrificação dos tecidos.

sinoviais apresentam um disco fibrocartilaginoso flexível em seu interior, como é caso dos **meniscos** no joelho e do **disco articular** na articulação temporomandibular.

Figura 1.29 Componentes de uma articulação sinovial

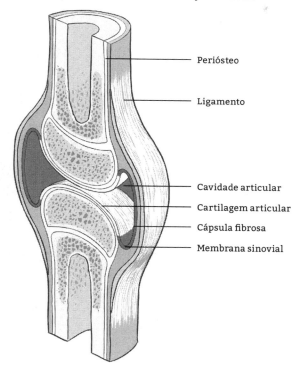

Os meniscos são importantes estruturas de cartilagem em formato semicircular. Há um par de meniscos em cada joelho, localizado sobre o platô tibial. Os meniscos amortecem o impacto do fêmur sobre a tíbia e contribuem parcialmente para a estabilidade dos côndilos do fêmur sobre os côndilos da tíbia durante os movimentos de flexão e extensão. Por essa razão, lesões nos meniscos resultam em um joelho instável, que pode "falsear" durante uma caminhada.

Figura 1.30 Localização e formato dos meniscos

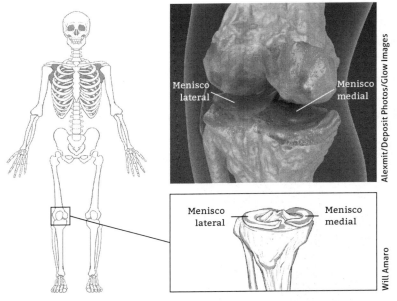

Os eixos que possibilitam movimentos nas articulações sinoviais podem ser classificados como **uniaxiais** (um eixo), **biaxiais** (dois eixos) ou **triaxiais** (três eixos). Articulações sinoviais que se movem sem rotação são chamadas *planares*, pois nelas os ossos comunicantes deslizam linearmente entre si e não apresentam eixo de rotação. Observe na Figura 1.31 a representação de uma cápsula articular da articulação glenoumeral. A membrana fibrosa foi aberta para que se possa observar a membrana sinovial.

Figura 1.31 Cápsula articular da articulação glenoumeral

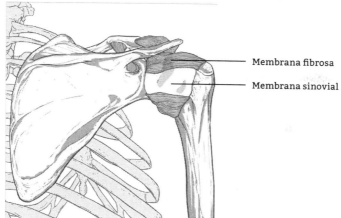

Membrana fibrosa
Membrana sinovial

Os movimentos das articulações sinoviais são denominados de acordo com a direção em que o segmento corporal gira ao redor de três eixos articulares: sagital, transversal (ou horizontal) e longitudinal. Por convenção, quando um segmento corporal gira para a frente ao redor de um eixo transversal, dá-se o nome de *flexão*, ao passo que seu retorno (girando para trás) é chamado de *extensão*. O joelho, o tornozelo e as articulações metatarsofalangeanas e interfalangeanas são exceções a essa regra, pois, nessas articulações, a flexão ocorre no giro dos ossos para trás, ao passo que na extensão os ossos giram para a frente. Ao redor do eixo sagital, o afastamento de um segmento corporal da linha mediana é denominado *abdução*, e sua aproximação da linha mediana é denominada *adução*. Quando um segmento gira ao redor de um eixo longitudinal, voltando sua face anterior à linha mediana, chamamos *rotação interna*. Quando gira voltando sua face anterior para o lado, chamamos *rotação externa*.

Figura 1.32 Movimentos da articulação glenoumeral

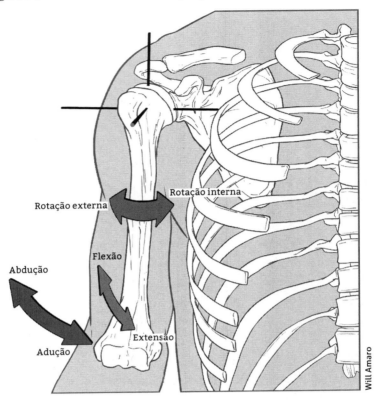

Há nomenclaturas específicas para os movimentos da articulação escapulotorácica. Essa articulação é classificada como "não verdadeira", pois, a rigor da definição de articulação, não há contato ósseo entre a escápula e as costelas do tórax. Entretanto, o complexo do ombro depende da mobilidade da escápula e da clavícula em relação ao tórax para permitir grandes amplitudes de movimento. Nesse sentido, a clavícula e a escápula movem-se para trás na **retração**; para a frente, na **protração**; para cima, na **elevação**; e para baixo, na **depressão**. Além disso, durante a abdução e a adução da articulação glenoumeral, a escápula e a clavícula fazem os movimentos de rotação para cima e para baixo, respectivamente, conforme ilustrado na Figura 1.33. Essa combinação de movimentos determina o ritmo escapuloumeral, em que, a partir de 30° de abdução e a cada 2° de rotação do úmero, a escápula roda 1° para cima.

Figura 1.33 Movimentos da articulação escapulotorácica

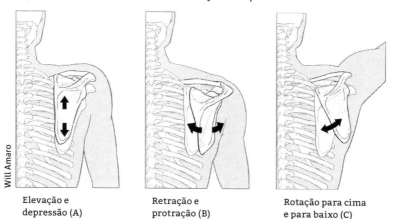

Elevação e depressão (A)

Retração e protração (B)

Rotação para cima e para baixo (C)

Normalmente, o formato dos ossos das articulações sinoviais não possibilita o encaixe perfeito entre as partes comunicantes. Por exemplo, na articulação glenoumeral, a cabeça semiesférica do úmero é maior do que a concavidade rasa da cavidade glenoide da escápula. Tal incongruência entre as superfícies é funcionalmente essencial, pois permite uma rotação de 360° do úmero na articulação do ombro, em um movimento denominado *circundução*, ilustrado na Figura 1.34. Na circundução, o movimento do úmero é resultante do somatório dos movimentos possíveis nos três eixos simultaneamente.

Figura 1.34 Circundução do ombro

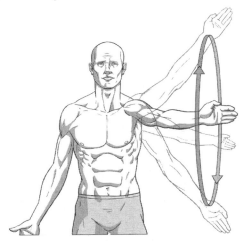

Will Amaro

Na articulação do joelho, os côndilos femorais são elipsoides e maiores do que as superfícies quase planas dos côndilos da tíbia, sobre os quais se articulam. Embora sua geometria não possibilite a circundução, o joelho pode flexionar-se de 0° a 140°; se estiver fletido a 90°, possibilita de 40° a 45° de rotação axial da tíbia. Já na articulação coxofemoral, por exemplo, a cabeça do fêmur se encaixa mais profundamente no acetábulo do quadril, em razão da necessidade de sustentação de carga, em comparação com a articulação glenoumeral. Por outro lado, essa maior congruência resulta em menor amplitude total de movimento na articulação coxofemoral.

Os **ligamentos** impedem que os ossos de uma articulação percam sua relação anatômica durante os movimentos. São feixes robustos de tecido conjuntivo fibroso que unem os periósteos de ossos adjacentes. O aspecto de cada ligamento varia conforme o tamanho e a forma dos ossos que são por ele estabilizados, além da amplitude fisiológica de mobilidade que cada articulação precisa manter. Por exemplo, os ligamentos da articulação glenoumeral são mais frouxos e extensíveis do que os ligamentos da articulação do cotovelo.

Outra importante estrutura localizada nas articulações são as **bursas**, que protegem ligamentos e tendões contra a fricção **direta com partes ósseas**. Elas têm o aspecto de pequenas cápsulas lisas e achatadas preenchidas com líquido sinovial e se localizam na interface entre ossos e tecidos moles, amortecendo seu contato. Quando há pressão excessiva sobre as bursas, elas podem se inflamar, resultando em bursite (sufixo -*ite* – "inflamação"), que provoca dor e limitação do movimento.

1.4 Sistema muscular

Os músculos são as estruturas responsáveis pela produção de movimento, que ocorre por meio de um fenômeno denominado *contração muscular* – quando o músculo transforma energia química em energia mecânica. Além de possibilitar o movimento voluntário das articulações, as contrações dos músculos produzem também movimentos involuntários essenciais para a sobrevivência, como nas paredes do coração, nos intestinos e na respiração.

Tendo em vista que podem representar até 50% da massa corpórea, o músculos são os maiores consumidores de energia do corpo. Como o consumo de energia gera calor, a contração muscular é um importante mecanismo fisiológico para manter a temperatura interna do corpo em aproximadamente 36,5 °C.

O corpo humano tem cerca de 600 músculos. Esse número varia conforme o critério usado para a contagem, pois diversos músculos apresentam subdivisões anatômicas e, além disso, algumas pessoas têm variações determinadas ao acaso durante o desenvolvimento embrionário.

Existem três tipos de músculos: liso, estriado cardíaco e estriado esquelético. O **músculo liso** tem controle involuntário e está presente na parede das veias, das artérias, do estômago, dos brônquios, dos intestinos e nos ductos dos sistemas reprodutor e urinário. O **músculo estriado cardíaco**, por sua vez, constitui a camada mais espessa das paredes do coração, denominada *miocárdio*. Seu controle também é involuntário e suas contrações são responsáveis pela força de propulsão do sangue dentro das veias e das artérias. Já o **músculo estriado esquelético** apresenta controle voluntário e é responsável pela movimentação dos ossos.

A produção de força nos músculos estriados esqueléticos ocorre por meio da contração de suas fibras musculares, que são compostas de filamentos microscópicos de proteína (actina e miosina). Esses filamentos formam as unidades funcionais dos músculos, os **sarcômeros**. Assim, o somatório das forças produzidas nas fibras musculares é transferido para os ossos por meio dos **tendões**, os quais são fortes estruturas fibrosas, de aspecto esbranquiçado, que ligam os músculos aos ossos. Portanto, em uma perspectiva simplista, quando um movimento voluntário ocorre, as fibras musculares produzem força nos músculos, os músculos puxam os tendões, os tendões puxam os ossos e, finalmente, a articulação se move.

Figura 1.35 Esquema de organização estrutural de um músculo

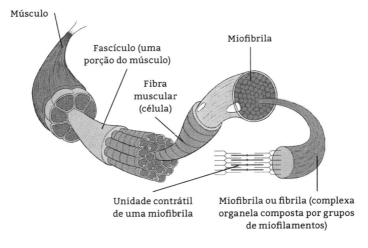

No que se refere ao aspecto, os músculos são classificados como longos, curtos e planos (ou largos). Os **músculos longos** se situam nos membros superiores e inferiores e podem passar por mais de uma articulação (ex.: semitendíneo). Já os **músculos curtos** estão nas articulações com movimentos mais precisos, de baixa amplitude, como os músculos da mão (ex.: opositor do polegar). Os **músculos planos**, por sua vez, normalmente são largos e têm aspecto laminar, percorrendo as paredes de cavidades como o tórax e o abdome (ex.: latíssimo do dorso).

Os músculos podem ser anatomicamente classificados conforme o arranjo de suas fibras: **fusiforme**, quando as fibras são paralelas; e **peniformes** (forma de pena), quando as fibras são oblíquas. Os músculos peniformes podem ser unipenados (ex.: sóleo), bipenados (ex.: reto femoral) ou multipenados (ex.: deltoide).

O nome dos músculos deriva de vários critérios:

- **Formato**: deltoide (forma da letra grega delta – um triângulo); serrátil (denteado).
- **Localização**: peitoral maior; subescapular.
- **Número de cabeças**: bíceps braquial; quadríceps.
- **Ação**: levantador da escápula; extensor dos dedos.
- **Profundidade**: oblíquo interno; flexor profundo dos dedos.

Confira na Figura 1.36 exemplos dessas denominações e, nas demais figuras, alguns exemplos de músculos.

Figura 1.36 Exemplos de músculos denominados de acordo com sua forma, sua localização, seu número de cabeças ou sua ação

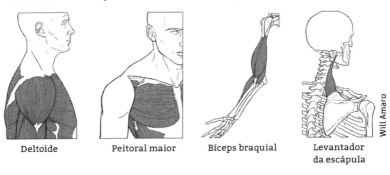

Deltoide   Peitoral maior   Bíceps braquial   Levantador da escápula

Figura 1.37 Músculos da cabeça e do pescoço

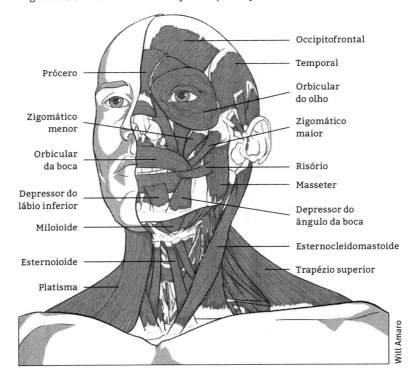

- Prócero
- Zigomático menor
- Orbicular da boca
- Depressor do lábio inferior
- Miloioide
- Esternoioide
- Platisma
- Occipitofrontal
- Temporal
- Orbicular do olho
- Zigomático maior
- Risório
- Masseter
- Depressor do ângulo da boca
- Esternocleidomastoide
- Trapézio superior

Figura 1.38 Músculos do tórax e do abdome: lado esquerdo dissecado

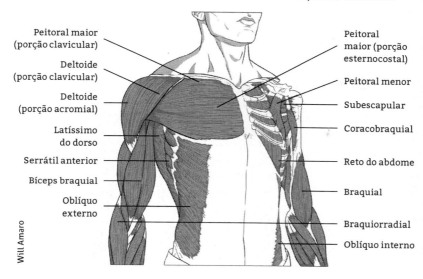

Figura 1.39 Músculos profundos do ombro direito: vista posterior

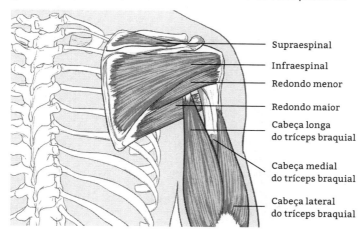

Figura 1.40 Músculos superficiais do antebraço: vista anterior

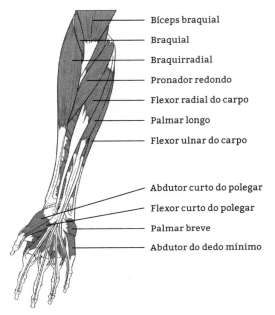

- Bíceps braquial
- Braquial
- Braquirradial
- Pronador redondo
- Flexor radial do carpo
- Palmar longo
- Flexor ulnar do carpo
- Abdutor curto do polegar
- Flexor curto do polegar
- Palmar breve
- Abdutor do dedo mínimo

Figura 1.41 Músculos profundos do antebraço: vista anterior

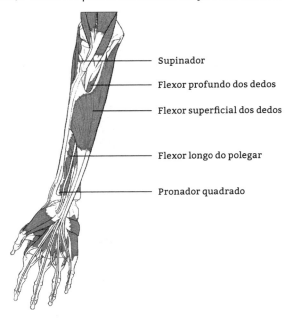

- Supinador
- Flexor profundo dos dedos
- Flexor superficial dos dedos
- Flexor longo do polegar
- Pronador quadrado

Figura 1.42 Músculos superficiais do antebraço: vista posterior

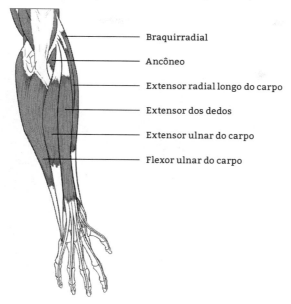

- Braquirradial
- Ancôneo
- Extensor radial longo do carpo
- Extensor dos dedos
- Extensor ulnar do carpo
- Flexor ulnar do carpo

Figura 1.43 Músculos profundos do antebraço: vista posterior

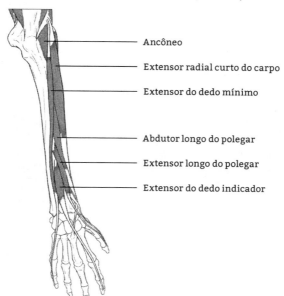

- Ancôneo
- Extensor radial curto do carpo
- Extensor do dedo mínimo
- Abdutor longo do polegar
- Extensor longo do polegar
- Extensor do dedo indicador

Figura 1.44 Músculos do dorso

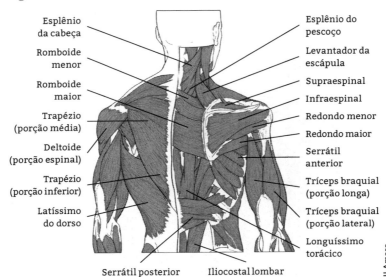

Figura 1.45 Diafragma: vistas anterior e lateral direita

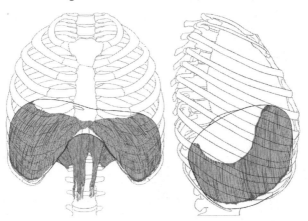

Figura 1.46 Músculos eretores da coluna: vista posterior

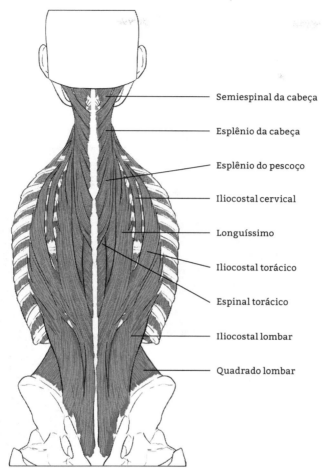

Figura 1.47 Músculos superficiais dos membros inferiores: vista anterior

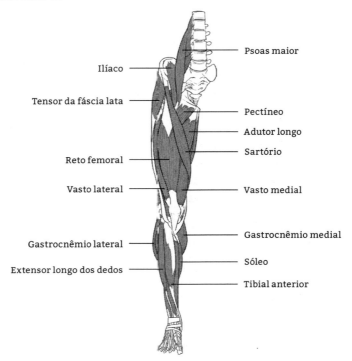

Figura 1.48 Músculos profundos da coxa: vista anterior

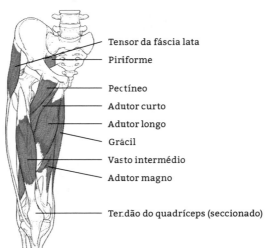

Figura 1.49 Músculos superficiais do membro inferior direito: vista posterior

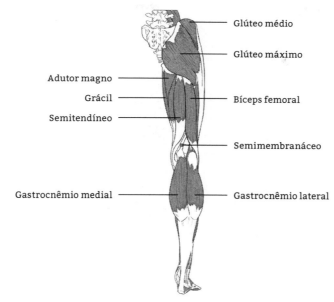

Figura 1.50 Músculos profundos do membro inferior direito: vista posterior

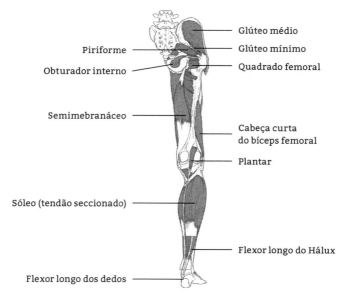

Confira no Quadro 1.1 os músculos responsáveis pelos movimentos indicados.

Quadro 1.1 Relação dos movimentos com os músculos atuantes

Movimento	Músculos atuantes
Flexão do pescoço	Esternocleidomastoide (bilat.[7])
	Escaleno anterior (bilat.)
	Escaleno médio (bilat.)
Extensão do pescoço	Esplênio da cabeça (bilat.)
	Esplênio do pescoço (bilat.)
	Longuíssimo da cabeça (bilat.)
	Semiespinal da cabeça (bilat.)
Flexão lateral do pescoço	Esplênio da cabeça (unilat.[8])
	Esplênio do pescoço (unilat.)
	Longuíssimo da cabeça (unilat.)
	Semiespinal da cabeça (unilat.)
	Esternocleidomastoide (unilat.)
	Escaleno anterior (unilat.)
	Escaleno médio (unilat.)
	Escaleno posterior (unilat.)
Rotação contralateral da cabeça/pescoço	Esternocleidomastoide (unilat.)
	Multífidos (unilat.)
Rotação ipsilateral da cabeça/pescoço	Trapézio superior (unilat.)
	Esplênio da cabeça
	Esplênio do pescoço
Flexão do ombro	Deltoide clavicular
	Peitoral maior (porção clavicular)
	Coracobraquial

(continua)

---

[7] Ação em contração bilateral (direito e esquerdo simultaneamente).

[8] Ação em contração unilateral (direito ou esquerdo).

(Quadro 1.1 – continuação)

Movimento	Músculos atuantes
Extensão do ombro	Deltoide (porção espinal)
	Latíssimo do dorso
	Peitoral maior (porção esternocostal)
	Tríceps braquial (cabeça longa)
	Redondo maior
Abdução do ombro	Deltoide acromial
	Supraespinal (primeiros 30°)
Adução do ombro	Latíssimo do dorso
	Redondo maior
	Peitoral maior
	Tríceps braquial (cabeça longa)
Abdução horizontal do ombro	Deltoide (porção espinal)
	Infraespinal
	Redondo menor
Adução horizontal do ombro	Peitoral maior
	Deltoide (porção clavicular)
Rotação interna do ombro	Subescapular
	Peitoral maior
	Latíssimo do dorso
	Redondo maior
	Deltoide clavicular
Rotação externa do ombro	Supraespinal
	Infraespinal
	Redondo menor
	Deltoide espinal
Retração da escápula	Romboide maior
	Romboide menor
	Trapézio médio
Protração da escápula	Peitoral menor
	Serrátil anterior

(Quadro 1.1 – continuação)

Movimento	Músculos atuantes
Elevação da escápula	Levantador da escápula
	Trapézio superior
Depressão da escápula	Peitoral menor
	Serrátil anterior
	Trapézio inferior
Rotação da escápula para cima	Trapézio superior
	Trapézio inferior
	Serrátil anterior (fibras inferiores)
Rotação da escápula para baixo	Romboide maior
	Romboide menor
	Trapézio médio
	Levantador da escápula
Flexão do cotovelo/ antebraço	Bíceps braquial
	Braquial
	Braquiorradial
Extensão do cotovelo/ antebraço	Tríceps braquial
	Ancôneo
Supinação do antebraço (radioulnar)	Supinador
	Bíceps braquial
Pronação do antebraço (radioulnar)	Pronador redondo
	Pronador quadrado
Flexão do punho/mão	Flexor radial do carpo
	Flexor ulnar do carpo
	Palmar longo
	Flexor superficial dos dedos
	Flexor profundo dos dedos
Extensão do punho/ mão	Extensor radial longo do carpo
	Extensor radial curto do carpo
	Extensor ulnar do carpo
	Extensor dos dedos
	Extensor do dedo mínimo

(Quadro 1.1 – continuação)

Movimento	Músculos atuantes
Desvio radial	Flexor radial do carpo
	Extensor radial longo do carpo
	Extensor radial curto do carpo
Desvio ulnar	Extensor ulnar do carpo
	Flexor ulnar do carpo
Movimentos do polegar	Abdutor do polegar
	Flexor curto do polegar
	Opositor do polegar
	Flexor curto do polegar
	Flexor longo do polegar
Flexão metacarpofalângica	Interósseo palmar
	Interósseo dorsal
Inspiração forçada	Escaleno anterior (bilat.)
	Escaleno médio (bilat.)
	Escaleno posterior (bilat.)
	Serrátil posterior superior
	Intercostais externos
Expiração forçada	Serrátil posterior inferior
	Intercostais internos
	Transverso do abdome
	Reto do abdome
	Oblíquo externo (bilat.)
	Oblíquo interno (bilat.)
Flexão da coluna toracolombar	Oblíquo externo (bilat.)
	Oblíquo interno (bilat.)
	Reto do abdome
Extensão da coluna toracolombar	Iliocostais lombares
	Iliocostais torácicos
	Iliocostais cervicais
	Longuíssimos torácicos
	Espinais

(Quadro 1.1 – continuação)

Movimento	Músculos atuantes
Flexão lateral da coluna toracolombar	Oblíquo externo (unilat.)
	Oblíquo interno (unilat.)
	Iliocostais lombares (unilat.)
	Iliocostais torácicos (unilat.)
	Iliocostais cervicais (unilat.)
	Longuíssimos torácicos (unilat.)
	Quadrado lombar (unilat.)
Rotação contralateral da coluna toracolombar	Oblíquo externo (unilat.)
Rotação ipsilateral da coluna toracolombar	Oblíquo interno (unilat.)
Flexão da articulação coxofemoral (quadril)	Psoas maior
	Ilíaco
	Reto femoral
	Sartório
	Pectíneo
Extensão da articulação coxofemoral (quadril)	Glúteo máximo
	Bíceps femoral (cabeça longa)
	Semitendíneo
	Semimembranáceo
	Adutor magno (porção isquática)
Abdução da articulação coxofemoral (quadril)	Glúteo médio
	Glúteo mínimo
	Tensor da fáscia lata
	Sartório
	Glúteo máximo (fibras superiores)
Adução da articulação coxofemoral (quadril)	Adutor magno
	Adutor longo
	Adutor curto
	Pectíneo
	Grácil

(Quadro 1.1 – continuação)

Movimento	Músculos atuantes
Rotação interna da articulação coxofemoral (quadril)	Glúteo mínimo
	Glúteo médio (fibras anteriores)
	Tensor da fáscia lata
Rotação externa da articulação coxofemoral (quadril)	Piriforme
	Gêmeo superior
	Gêmeo inferior
	Obturador interno
	Obturador externo
	Quadrado femoral
	Glúteo médio (fibras posteriores)
	Glúteo máximo
Flexão do joelho	Bíceps femoral (cabeças longa e curta)
	Semitendíneo
	Semimembranáceo
	Grácil
	Tensor da fáscia lata
	Sartório
	Gastrocnêmios (medial e lateral)
Extensão do joelho	Vasto lateral
	Vasto medial
	Vasto intermédio
	Reto femoral
Rotação interna do joelho (somente quando fletido)	Poplíteo
	Semitendíneo
	Semimembranáceo
	Sartório
	Grácil
Rotação externa do joelho (somente quando fletido)	Bíceps femoral

Sistema musculoesquelético

(Quadro 1.1 – conclusão)

Movimento	Músculos atuantes
Flexão plantar (plantiflexão)	Gastrocnêmios (medial e lateral)
	Sóleo
	Tibial posterior
	Fibular longo
Flexão dorsal (dorsiflexão)	Tibial anterior
	Extensor longo dos dedos
	Extensor longo do hálux
Eversão plantar	Fibular longo
	Fibular curto
Inversão plantar	Tibial anterior
	Tibial posterior

Fonte: Elaborado com base em Spence, 1991; Dangelo; Fattini, 2004.

1.5 Aplicações práticas

Durante uma aula de Educação Física, os alunos são capazes de realizar uma grande variedade de movimentos fundamentais para cumprir as demandas da tarefa orientada pelo professor. Esses movimentos consistem em correr, saltar, chutar, arremessar, puxar, empurrar etc. A força produzida pelos músculos depende da resistência a ser vencida. Por exemplo, no caso de um salto, a massa do próprio corpo precisa ser movida, o que exige a produção de uma grande quantidade de força nos membros inferiores para que os pés "empurrem o solo" e este reaja com uma força igual contra os pés (Terceira Lei de Newton), propulsionando o corpo para cima. Cabe ao professor saber quais são as exigências específicas de cada tarefa sobre os músculos dos alunos, pois, dependendo da atividade, crianças com menos massa corporal, mais leves, obterão mais êxito na atividade. Já em jogos de oposição, por exemplo, como o cabo de guerra, crianças mais pesadas e com maior força nos braços podem se beneficiar na competição.

Para exemplificar essa questão, consideremos a atividade de corrida de carrinho de mão (Figura 1.51), em que um aluno em pé sustenta as pernas do colega, o qual se desloca com as mãos no chão.

Figura 1.51 Competição de carrinho de mão

Os alunos que desempenham o papel de "carrinho" precisam contrair o músculo tríceps braquial para manter o cotovelo estendido. Além disso, os músculos peitoral maior, deltoide (clavicular), peitoral menor e serrátil anterior também participam do movimento, produzindo força para "empurrar" o chão e, assim, manter o tronco reto. Nesse exemplo, o professor pode concluir que a exigência de esforço sobre os músculos do aluno em pé é muito menor do que do aluno que serve de "carrinho".

Outro exemplo é a brincadeira de "pular carniça", representada na Figura 1.52. Nela, o professor de Educação Física deve observar que as restrições da tarefa estão relacionadas à flexibilidade dos músculos. O aluno que salta sobre o colega precisa ter flexibilidade muscular suficiente para produzir uma grande amplitude de abdução do quadril. Essa flexibilidade é maior em meninas e tende a diminuir com a aproximação da puberdade, em razão do rápido crescimento ósseo e da ação de alguns hormônios.

Figura 1.52 Brincadeira de pular carniça

MANDY GODBEHEAR/Shutterstock

O exercício "remada curvada", representado na Figura 1.53, é outro exemplo de como os músculos são coordenados em diferentes articulações para realizar uma única tarefa. Note que, para que o executante possa puxar a barra para cima, é necessário que sejam produzidas, simultaneamente, a flexão dos cotovelos, a retração das escápulas e a extensão da articulação glenoumeral. Essa combinação de movimentos envolve a participação de diversos músculos, como o braquial, o deltoide espinal (posterior), os romboides e o latíssimo do dorso.

Figura 1.53 Exercício de "remada curvada"

Makatserchyk/Shuttertock

▌ *Síntese*

Neste capítulo, apresentamos um breve histórico das origens da anatomia humana, que teve como precursora a anatomia em modelos animais, em virtude de restrições da igreja católica. O estudo em humanos só ganhou força no Renascentismo.

Em seguida, discorremos sobre a anatomia do sistema locomotor, desde a formação e o crescimento ósseo até a caracterização de cada articulação.

Conforme demonstramos, a anatomia das articulações ajuda a esclarecer o papel do ligamentos na estabilização dos ossos, que ocorre mediante as forças externas que eles recebem da gravidade e dos músculos.

Por fim, abordamos o sistema muscular detalhando o nome, a localização e a ação dos músculos nas articulações – que resulta no movimento.

■ Atividades de autoavaliação

1. Uma das funções dos meniscos na articulação do joelho é:

   a) ligar o fêmur à tíbia.

   b) produzir movimentos de flexão e extensão.

   c) proteger a patela contra impactos.

   d) impedir atrito entre o fêmur e a tíbia.

   e) estabilizar os côndilos do fêmur sobre o platô da tíbia.

2. Assinale a alternativa que apresenta uma articulação do tipo cartilaginosa:

   a) Glenoumeral.

   b) Coxofemoral.

   c) Radioulnar.

   d) Entre corpos vertebrais.

   e) Acromioclavicular.

3. Qual é o nome do movimento no qual as escápulas são tracionadas anteriormente, afastando-se da coluna vertebral?

   a) Elevação.

   b) Retração.

   c) Protração.

   d) Rotação para cima.

   e) Anteversão.

4. São músculos agonistas entre si:

   a) tríceps braquial – braquiorradial.

   b) trapézio médio – romboide maior.

   c) deltoide espinal – deltoide clavicular.

   d) peitoral menor – trapézio médio.

   e) redondo maior – deltoide acromial.

5. Qual dos músculos a seguir atua, principalmente, nos primeiros 30° de abdução do ombro?

   a) Supraespinal.
   b) Redondo maior.
   c) Redondo menor.
   d) Grande dorsal.
   e) Deltoide acromial (médio).

6. Assinale a alternativa que indica a relação correta entre músculo e função:

   a) Redondo maior → adução do ombro.
   b) Romboide maior → protração da escápula.
   c) Peitoral maior → abdução do ombro.
   d) Deltoide acromial → adução do ombro.
   e) Deltoide clavicular → extensão do ombro.

7. Qual é a ação do músculo bíceps femoral na articulação coxofemoral (quadril)?

   a) Flexão.
   b) Adução.
   c) Rotação interna.
   d) Extensão.
   e) Abdução.

Atividades de aprendizagem

Questões para reflexão

1. Indique como os movimentos multiarticulares funcionais (saltar, puxar e empurrar) são organizados, considerando o grande número de músculos envolvidos em um mesmo movimento.

2. Explique a importância dos músculos na estabilização das articulações, tendo em vista que os ligamentos também desempenham esse papel, porém passivamente.

Atividade aplicada: prática

1. Pesquise na internet vídeos de atletas realizando exercícios para membros superiores e membros inferiores (na academia ou ao ar livre); e de atletas de diferentes esportes realizando movimentos como chutar, arremessar e sacar. Analise cada vídeo em câmera lenta e tente descrever o nome dos movimentos observados em cada articulação. Depois, identifique quais músculos participam desses movimentos.

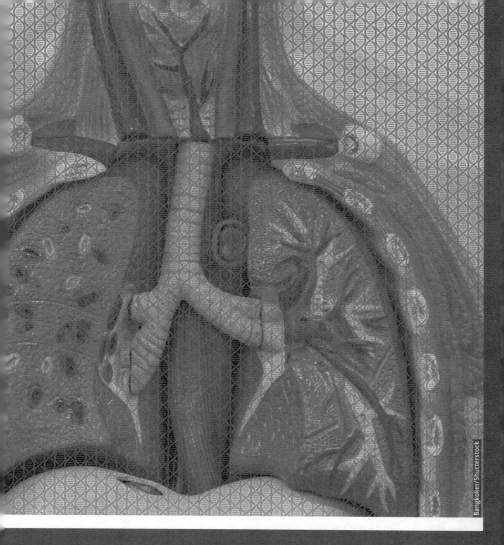

Capítulo 2

Sistema cardiorrespiratório

Neste capítulo, abordaremos as principais estruturas anatômicas responsáveis pela circulação sanguínea e pela respiração. Inicialmente, indicaremos a função do sangue e como ele é bombeado pelo coração. Em seguida, descreveremos a anatomia do coração em detalhes, desde a conformação das camadas das paredes que asseguram a vedação do órgão e suas cavidades até suas estruturas internas, as quais mantêm um fluxo unidirecional do sangue em seu interior. Posteriormente, examinaremos o sistema vascular, com a descrição das principais veias e artérias do corpo humano. Por fim, demonstraremos a anatomia das vias aéreas dos tratos respiratórios superior e inferior, que possibilitam ao corpo fazer as trocas gasosas necessárias para manter a oxigenação dos tecidos.

2.1 Circulação sanguínea

O sangue é o único tecido do corpo que se encontra na forma líquida. Classificado como *tecido conjuntivo*, é composto de uma fração "sólida", que compreende os **glóbulos vermelhos** (ou eritrócitos), os **glóbulos brancos** (ou leucócitos) e as **plaquetas** (ou trombócitos), os quais estão imersos em uma fração líquida, composta pelo plasma. O **plasma**, rico em água e proteínas, confere ao sangue sua propriedade líquida, possibilitando o transporte das células.

O sangue é um meio de transporte para nutrientes, gases, anticorpos (células de defesa), metabólitos (excretas) e hormônios. As trocas entre os tecidos e c sangue são bidirecionais, ou seja, há um contínuo transporte de substâncias do sangue para as células e vice-versa.

A circulação sanguínea ocorre por meio de um imenso circuito fechado de tubos, denominados *vasos sanguíneos*. A mobilidade do sangue por dentro dos vasos sanguíneos depende da força de propulsão gerada pelas contrações de uma bomba central, o coração.

A trajetória do ciclo da circulação é dividida em circulação pulmonar e circulação sistêmica. Na **circulação pulmonar**, o sangue venoso (saturado com gás carbônico) é bombeado do lado direito do coração para os pulmões, para que o gás carbônico seja expelido e o oxigênio do ar, absorvido. Essa troca gasosa é denominada *hematose*. Após a hematose, o sangue oxigenado retorna para o lado esquerdo do coração. Essa trajetória é também denominada *pequena circulação*, tendo em vista a proximidade anatômica do coração com os pulmões. Na **circulação sistêmica**, o sangue arterial (saturado com oxigênio) é bombeado do lado esquerdo do coração para todos os tecidos, próximos ou distantes, que precisam ser supridos com oxigênio e nutrientes.

O esquema da Figura 2.1 descreve de forma simplificada a trajetória do sangue no ciclo do sistema circulatório. Nessa figura, em vermelho, estão os vasos com sangue rico em oxigênio. Em azul, estão os vasos com sangue rico em gás carbônico. Confira a seguir as etapas desse ciclo.

Figura 2.1 Ciclo da circulação sanguínea

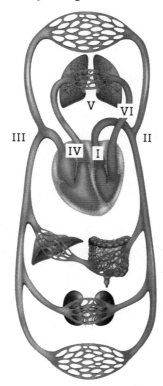

I. O sangue rico em oxigênio sai do ventrículo esquerdo pela artéria aorta;
II. as artérias calibrosas distribuem o sangue para órgãos acima e abaixo do nível do coração;
III. depois de circular por todos os órgãos, o sangue rico em gás carbônico (proveniente da respiração celular dos tecidos) retorna para o lado direito do coração;

IV. o sangue rico em gás carbônico é bombeado do ventrículo direito para os pulmões;

V. os pulmões realizam a troca gasosa (absorvem o oxigênio do ar e eliminam o gás carbônico do sangue);

VI. após a troca gasosa, o sangue rico em oxigênio retorna para o lado esquerdo do coração.

2.2 Coração

O coração é um órgão torácico muscular em forma de pera, localizado posteriormente ao osso esterno, imediatamente acima do músculo diafragma. Sua posição é oblíqua, com o ápice (ponta) voltado para a esquerda e para baixo (observe as Figuras 2.2, 2.3 e 2.4). O **pericárdio**, um saco cônico membranoso de dupla camada, mantém a posição do coração e protege sua parede contra a fricção com órgãos adjacentes. A lâmina externa (parietal) do saco pericárdico é o **pericárdio fibroso** e a lâmina interna (visceral), o **pericárdio seroso**. O pericárdio fibroso é aderido à face superior do centro tendíneo do músculo diafragma.

A parede do coração é constituída por três camadas: um fino revestimento externo, o **epicárdio**; uma grossa camada muscular, o **miocárdio**; e uma camada interna que reveste as paredes das quatro câmaras, o **endocárdio**. Internamente, as paredes do coração são salientes em razão dos feixes de fibras musculares, as **trabéculas cárneas**. O interior do coração se subdivide em quatro câmaras ocas: os **átrios** (direito e esquerdo) e os **ventrículos** (direito e esquerdo).

Figura 2.2 Coração na cavidade torácica: vista anterior

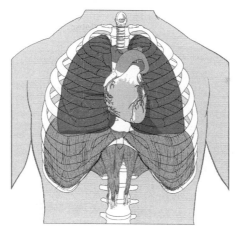

Figura 2.3 Coração na cavidade torácica: vista lateral direita

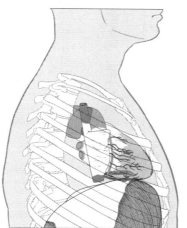

Figura 2.4 Coração

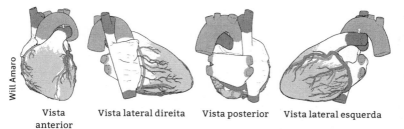

Vista anterior Vista lateral direita Vista posterior Vista lateral esquerda

Os átrios direito e esquerdo são duas câmaras receptoras de sangue venoso e arterial, respectivamente, separadas pelo **septo interatrial**. Suas paredes são bastante delgadas, apresentando duas projeções externas em forma de "dedo de luva", as **aurículas**.

Os ventrículos direito e o esquerdo, por sua vez, são duas câmaras ejetoras de sangue venoso e arterial, respectivamente, separadas pelo **septo interventricular**. Eles têm aspecto triangular e suas paredes são muito mais espessas do que as dos átrios. Em razão da necessidade de maior força de ejeção, a parede do miocárdio no ventrículo esquerdo é três vezes mais espessa em comparação com a do ventrículo direito. O interior das paredes ventriculares tem aspecto esponjoso em razão da maior quantidade de trabéculas.

Os vasos sanguíneos de maior calibre e de parede mais espessa comunicam-se diretamente com as câmaras cardíacas: a **veia cava superior**, a **veia cava inferior** e o **seio coronário** desembocam no átrio direito; a artéria **troncopulmonar** emerge da abertura de saída do ventrículo direito; as quatro **veias pulmonares** desembocam no átrio esquerdo; e a **artéria aorta** emerge da abertura de saída do ventrículo esquerdo (confira as Figuras 2.5 e 2.6). O transporte de oxigênio e nutrientes para suprir o próprio coração é fornecido por um sistema intrínseco de pequenas **veias cardíacas** e **artérias coronárias**, denominado *circulação coronária*. As principais artérias coronárias, direita e esquerda, se originam em dois óstios (orifícios) na raiz da artéria aorta. Uma obstrução em uma artéria coronária resulta na ausência de oxigenação de uma parte do miocárdio, impossibilitando, assim, sua contração. A falência do bombeamento causa o infarto agudo do miocárdio.

Figura 2.5 Coração: vista anterior, com a parede do ventrículo direito dissecada

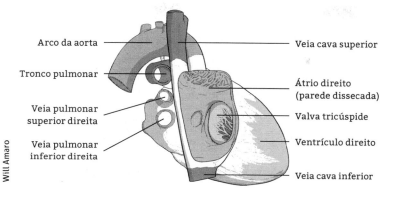

Figura 2.6 Coração: vista lateral esquerda, com a parede do ventrículo esquerdo dissecada

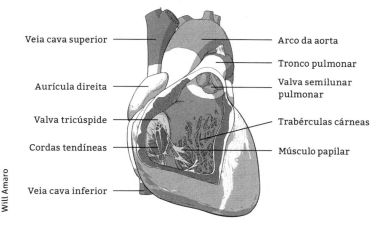

O fluxo de sangue dentro do coração é unidirecional: dos átrios para os ventrículos e dos ventrículos para a abertura das artérias. Durante as sístoles (contrações) ventriculares, o refluxo do sangue (regurgitação) para o átrio direito é impedido pela **valva tricúspide**, ou **valva atrioventricular direita**. O refluxo do sangue para o átrio esquerdo, por sua vez, é impedido pela **valva bicúspide**, também chamada *valva mitral* ou *valva atrioventricular esquerda*. As duas valvas atrioventriculares são formadas por dois (bicúspide) ou três (tricúspide) folhetos, que têm suas margens ancoradas por finos tendões, as **cordas tendíneas** (veja a Figura 2.7). Conforme a terminologia anatômica atual, cada folheto é uma **válvula**, que, por sua vez, constitui as valvas. Estas se ligam às extremidades dos **músculos papilares**, pequenas projeções musculares em forma de colunas situadas nas paredes ventriculares. Durante as sístoles ventriculares, a pressão do sangue empurra os folhetos em direção aos átrios, fechando as valvas. Nessa posição, as cordas tendíneas são tensionadas tal como as cordas de um paraquedas e, assim, impedem a inversão do sentido de abertura das valvas. Na abertura de saída dos ventrículos, situam-se as **valvas semilunares**, constituídas por três folhetos em formato de pequenos bolsos aderidos às margens de junção ventriculoarterial. Durante a diástole (relaxamento) ventricular, a menor pressão abre simultaneamente os três bolsos, que tocam suas margens, e, assim, fecham a valva. A **valva semilunar pulmonar** (que pode ser identificada na Figura 2.6) impede o refluxo do tronco pulmonar para o ventrículo direito, ao passo que a **valva semilunar da aorta** impede o refluxo da artéria aorta para o ventrículo esquerdo.

Figura 2.7 Coração: vista posterolateral direita, com a parede do átrio direito aberta

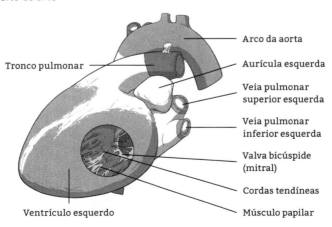

A ação de bombeamento do sangue pelo coração ocorre por meio de um ciclo coordenado de contrações e relaxamentos do miocárdio. A sequência e o intervalo das contrações são controlados por um sistema intrínseco de condução elétrica dentro do coração. A excitação cardíaca tem início com a formação de um potencial de ação (PA) em um grupo de células especializadas autoexcitatórias, denominado *nó sinoatrial*, localizado na parede do átrio direito, à margem da abertura da veia cava superior. O PA propaga-se para um segundo grupo de células, o **nó atrioventricular**, localizado no septo interatrial anteriormente ao óstio do seio coronário. O nó atrioventricular retarda a propagação do PA para os ventrículos, evitando que eles se contraiam simultaneamente aos átrios. Em seguida, o PA passa do nó atrioventricular para o **feixe de His**[1], localizado no septo interventricular. O feixe de His conduz o PA para seus ramos direito e esquerdo, que se estendem até o ápice do coração. Finalmente, os pequenos ramos das **fibras de Purkinje**[2] infiltradas sob o endocárdio propagam o PA pelo miocárdio apical, para depois retornar em cerca de 180° para o restante do ventrículo.

2.3 Artérias e veias

As artérias e veias são os tubos que conduzem o sangue a todos os tecidos, formando uma extensa rede de irrigação que, se fosse estendida em linha reta, percorreria milhares de quilômetros. As **artérias** levam o sangue do coração para os capilares (nos tecidos), ao passo que as **veias** retornam o sangue dos capilares até desembocar no coração.

---

[1] Curto feixe de fibras cardíacas especializadas, localizado na transição atrioventricular.

[2] Fibras cardíacas especializadas que propagam o potencial elétrico de forma organizada pela base dos ventrículos.

Pela maior pressão do sangue em seu interior, as artérias apresentam maior calibre e uma parede mais espessa na comparação com as veias. A partir do coração, as artérias ramificam-se várias vezes em derivações progressivamente menores, dando origem às **arteríolas**; estas, por sua vez, desembocam nos **capilares**, os quais formam uma imensa rede de vasos microscópicos que se difundem nos tecidos. As trocas de gases e substâncias entre o sangue e os tecidos ocorre na rede (ou leito) de capilares. Os capilares convergem para as menores derivações das veias, as **vênulas**, as quais confluem para veias de maior diâmetro, até desembocar no coração. A comunicação entre artérias e veias é denominada *anastomose*.

Estruturalmente, as paredes das veias e das artérias se dividem em três camadas, denominadas *túnicas*:

- **túnica íntima**: é a mais interna, formada pelo endotélio, o qual está em contato com o sangue e aderido a uma lâmina basal.
- **túnica média (ou muscular)**: é uma camada intermediária, formada por fibras de músculo liso e de colágeno. Essa camada apresenta membranas elásticas que variam conforme o calibre do vaso.
- **túnica adventícia**: é a camada externa, formada por tecido conjuntivo e fibras de colágeno. Nos vasos mais calibrosos, essa camada apresenta pequenos vasos que suprem as túnicas. Eles são denominados *vasa vasorum*.

As paredes das artérias e das veias de maior calibre são capazes de suportar maiores pressões em razão de sua maior complacência, isto é, maior capacidade de se ajustar às forças que as deformam. Essa propriedade, também chamada de *elastância*, é possibilitada pela existência de duas membranas ricas que circundam a túnica média, as quais são ricas em elastina, uma proteína estrutural. A **membrana elástica interna** está situada entre a túnica íntima e a túnica média; e a **membrana elástica externa** entre a túnica adventícia e a túnica média. Em virtude da pressão do sangue ser maior em seu interior, as paredes das artérias apresentam camadas mais espessas em comparação com as veias. Nos membros inferiores, as veias têm **válvulas venosas**, formadas por finos pares de pregas membranosas da túnica íntima, com a função de impedir que a gravidade cause o refluxo do sangue sob baixa pressão. Durante a marcha, a contração dos músculos gastrocnêmios comprime de forma intermitente as veias mais profundas e calibrosas da perna, contribuindo para o bombeamento do retorno venoso contra o sentido da gravidade.

Figura 2.8 Funcionamento dos músculos da panturrilha como uma bomba que facilita o retorno venoso das pernas

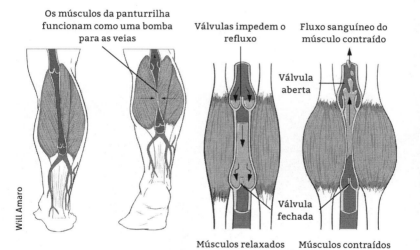

A nomenclatura para as veias e artérias foi definida conforme diversos critérios:

- a região do corpo por onde passa (ex.: veia axilar);
- a proximidade com um osso (ex.: artéria femoral, artéria ulnar);

- o órgão no qual desemboca (ex.: artéria hepática comum, artéria pulmonar, veia renal);
- os vasos principais que conduzem a vasos menores (ex.: tronco celíaco, tronco pulmonar);
- o aspecto (ex.: círculo arterial cerebral);
- a trajetória (ex.: veias perfurantes).

Figura 2.9 Principais artérias

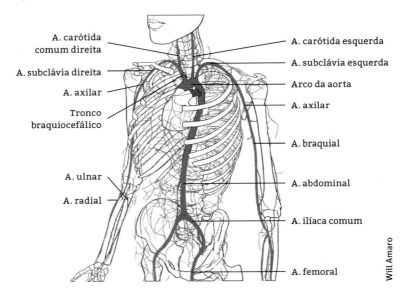

Figura 2.10 Principais veias

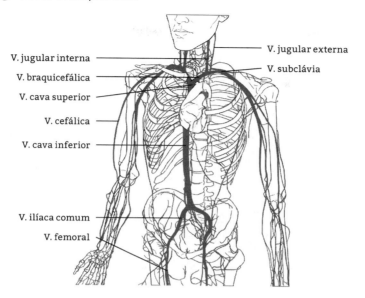

2.4 Sistema respiratório

O sistema respiratório é responsável por suprir oxigênio ao sangue e eliminar o gás carbônico proveniente da respiração celular. É constituído pelas vias respiratórias, que conduzem o ar do nariz até os pulmões (inspiração) e vice-versa (expiração). Na anatomia, o conjunto de órgãos que se intercomunicam, formando um caminho para uma substância, é denominado *trato* (do latim *tractus* – "algo que foi esticado", "puxado"). O **trato respiratório superior** é constituído por nariz, cavidade nasal, faringe e laringe; e o **trato respiratório inferior** é constituído por traqueia, brônquios e pulmões. Outras importantes estruturas também fazem parte do sistema respiratório, tais como as pleuras e os músculos da cavidade torácica. Entretanto, elas não fazem parte do trato respiratório, uma vez que não têm vias de acesso para o ar.

O **nariz** é uma estrutura externa da face, constituído predominantemente por cartilagens. Apesar do formato apresentar alta variabilidade, anatomicamente ele é interpretado como uma pirâmide com uma face vertical no terço médio da face. É formado pela **raiz nasal** – par de ossos nasais; pelo **dorso nasal** – cartilagens nasais laterais que têm aspecto de finas placas triangulares; e pelas **asas nasais** – proeminências formadas pelas **cartilagens alares**, um par de cartilagens curvas, maleáveis, que determina o formato das aberturas externas na base do nariz (as chamadas *narinas*).

A **cavidade nasal** é formada por um par de passagens (direita e esquerda) ocas no terço médio do crânio, isoladas entre si pelo **septo nasal**, uma parede mediana formada pela união da lâmina perpendicular do etmoide com o bordo superior do vômer. Nas paredes laterais da cavidade nasal, situam-se as **conchas nasais** superior, média e inferior, também denominadas *cornetos*, que são proeminências curvas delgadas revestidas por uma mucosa úmida. A cavidade nasal se estende desde a abertura piriforme (forma de pera) da face, composta pelos ossos maxilares e nasais, até as coanas, aberturas posteriores que delimitam a passagem da cavidade nasal para a parte nasal da faringe (nasofaringe).

A **faringe** é um tubo que se estende desde as coanas até a porção superior do pescoço, no nível da sexta vértebra cervical, desembocando no esôfago. A ação de músculos constritores faz com que a faringe tenha largura variável, o que contribui para a deglutição. Sua trajetória é posterior às coanas, à cavidade bucal e à abertura da laringe, delimitando, assim, a nasofaringe, a bucofaringe (ou orofaringe) e a laringofaringe, respectivamente.

Nas paredes laterais da **nasofaringe**, há dois orifícios, os **óstios da tuba auditiva**, que se comunicam com a cavidade timpânica e tem a função de equilibrar a pressão do ar em ambos os lados da membrana timpânica. No teto nasofaríngeo, situa-se uma pequena massa de tecido linfoide, a **adenoide**.

A **bucofaringe**, popularmente conhecida como *garganta*, se estende desde o palato mole até a extremidade superior da epiglote. Ela se comunica com as cavidades nasal e bucal, o que possibilita a passagem de ar e de alimento.

Por fim, a **laringofaringe** se estende desde a extremidade superior da epiglote até a cartilagem cricoide, na qual se liga ao esôfago. A laringofaringe é um acesso comum para o alimento e para o ar. Portanto, a bucofaringe e a laringofaringe são vias que fazem parte dos sistemas digestório e respiratório.

Figura 2.11 Nariz, cavidade nasal e faringe: vista medial

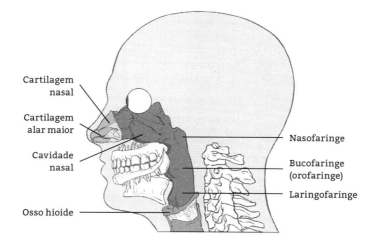

A **laringe** é um órgão cartilaginoso situado no terço médio do pescoço, no nível das vértebras C4, C5 e C6, e estende-se desde a raiz da língua até a traqueia. Sua função é regular a passagem do ar por uma abertura triangular, a **rima da glote**. É sustentada pelo **osso hioide** por meio de membranas fibrosas e músculos. Sua estrutura cartilaginosa é formada pelas cartilagens tireoide e cricoide e pela epiglote, que são ímpares; e pelas cartilagens aritenoide, cuneiforme, corniculada e tritícea, que são pares.

A maior das cartilagens laríngeas, a **cartilagem tireoide** (do grego *thyreós* – "escudo"), apresenta uma proeminência facilmente palpável no pescoço, popularmente conhecida como *pomo de adão*. A margem superior dessa cartilagem está ligada ao corno maior do osso hioide por uma fina membrana elástica quase transparente, a **membrana tiro-hióidea**.

A **epiglote** é uma lâmina ligeiramente curva de cartilagem, situada atrás do osso hioide e ligada à face interna da cartilagem tireoide por meio do ligamento tiroepiglótico. Sua extremidade livre é larga e arredondada, voltada obliquamente para cima no sentido anteroposterior; e sua superfície é revestida por mucosa. Apesar de fazer parte da estrutura laríngea, a epiglote não participa da respiração nem da fonação (fala). Durante a deglutição, os músculos tracionam o osso hioide para cima, dobrando a epiglote e fechando a abertura superior da laringe como uma tampa. Portanto, sua função é desviar alimentos (líquidos ou sólidos) para fora da entrada da laringe, ou seja, para o esôfago.

As **pregas vocais** são pregas da mucosa laríngea tensionadas por ligamentos que atravessam a laringe, formando uma fenda. Situam-se entre os **ligamentos vestibulares** e os **ligamentos vocais**, os quais se estendem desde a cartilagem aritenoide (posteriormente) até a cartilagem tireoide (anteriormente). A passagem do ar pela rima da glote faz as pregas vocais oscilarem, produzindo o som da voz. Pequenos músculos laríngeos podem mudar voluntariamente a tensão dos ligamentos vocais, causando variações no tom de voz. As diferenças entre a voz grave e a aguda em homens e mulheres existem em razão da disparidade de espessura das pregas vocais, determinada pelos hormônios sexuais.

Por fim, **cartilagem cricoide** (ou **cricoidea**) é um anel de cartilagem hialina que constitui o limite inferior da laringe, formando a junção traqueolaríngea. Serve de sítio de ancoragem para as cartilagens aritenoide e tireoide. A borda superior da cartilagem cricoide se liga à borda inferior dos ligamentos vocais por meio de bandas esbranquiçadas de tecido conjuntivo, chamadas *ligamentos cricotireoides*.

Figura 2.12 Laringe: vista anterior do pescoço

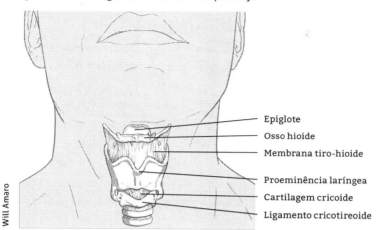

- Epiglote
- Osso hioide
- Membrana tiro-hioide
- Proeminência laríngea
- Cartilagem cricoide
- Ligamento cricotireoide

A **traqueia** é um tubo que forma o tronco da árvore traqueobrônquica. Mede, aproximadamente, 11 cm de comprimento e 2 cm de diâmetro, estendendo-se do pescoço ao tórax, onde se bifurca no nível da vértebra T5 para formar os brônquios principais (ou de primeira ordem) direito e esquerdo. A parede da traqueia é constituída por uma camada mucosa que apresenta cerca de 20 anéis incompletos de cartilagem em forma de "C". Os **anéis cartilaginosos** mantêm a traqueia aberta e com aspecto tubular, exceto ao longo de sua parede posterior chata (plana), onde os anéis não se fecham. Ao longo de sua parede posterior, o **músculo traqueal** (liso) tensiona os anéis cartilaginosos, impedindo-os de abrir. Além disso, sua contração constringe o diâmetro da traqueia, causando resistência à passagem do ar. Para vencer essa resistência, os músculos acessórios da expiração se contraem vigorosamente e forçam a saída do ar, facilitando os mecanismos de tosse e espirro. O limite inferior da traqueia é delineado por uma proeminência interna, a **carina**, a partir da qual se separam os brônquios principais.

Os **brônquios principais direito** e **esquerdo** são o primeiro par de ductos aéreos formados pela bifurcação da traqueia. Seu trajeto é lateralmente oblíquo, em direção ao **hilo pulmonar**. O brônquio principal direito se ramifica em **brônquios lobares superior**, **médio** e **inferior** para desembocar em cada um dos três lobos do pulmão direito. Já o brônquio principal esquerdo se ramifica em **brônquios lobares superior** e **inferior**, uma vez que o pulmão esquerdo se divide em dois lobos. Cada brônquio lobar se ramifica em **brônquios segmentares**, os quais distribuem o ar para os segmentos pulmonares, que se ramificam novamente em ductos menores, os **bronquíolos**. Estes, por sua vez, ramificam-se em minúsculos túbulos denominados *bronquíolos terminais* ou *ductos alveolares*, os quais desembocam nas unidades funcionais microscópicas dos pulmões, os **alvéolos pumonares**. Os alvéolos são aglomerados de pequenas bolsas ocas em forma de cachos de uva. Coletivamente, todos os brônquios formam a **árvore brônquica**.

Figura 2.13 Árvore brônquica: vista anterior

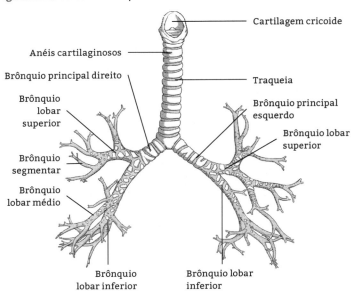

Os **pulmões** (par de órgãos torácicos piramidais) são responsáveis pelas trocas gasosas (hematose) que possibilitam o contínuo reabastecimento do sangue com oxigênio. Sua base é côncava e repousa sobre a face superior do músculo diafragma; e seu ápice (ponta) termina no nível do primeiro arco costal. A região central da face mediastínica, onde os vasos sanguíneos e brônquios entram nos pulmões e saem dele, é denominada *hilo*. Em razão do maior espaço que o coração ocupa no lado esquerdo da cavidade torácica, o pulmão esquerdo é um pouco menor do que o direito. A face medial (mediastínica) do pulmão esquerdo apresenta uma concavidade profunda, a **impressão cardíaca**. O pulmão direito se divide em lobos superior, médio e inferior, separados por duas fissuras; e o pulmão esquerdo em lobos superior e inferior – separados por uma fissura.

Figura 2.14 Pulmão direito: vista lateral

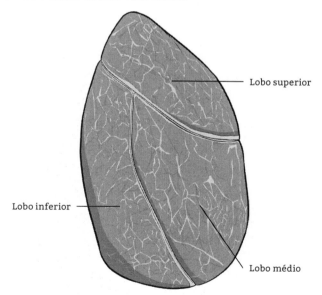

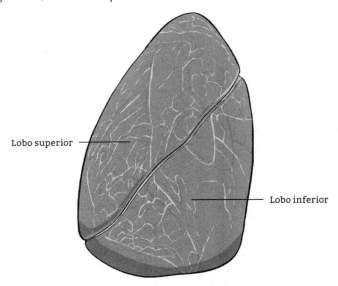

Figura 2.15 Pulmão esquerdo: vista lateral

A **cavidade torácica** é vedada por uma dupla membrana serosa, denominada *pleura*. A **pleura visceral** é a membrana interna que reveste a superfície dos pulmões; e a **pleura parietal** é a membrana externa aderida à parede da cavidade torácica e em contato com as costelas. Entre as duas pleuras há uma estreita **cavidade pleural** de poucos milímetros, preenchida por uma pequena quantidade de lubrificante, o **líquido pleural**. Esse líquido, composto por um ultrafiltrado do plasma sanguíneo, é secretado pelas células da pleura, tendo como função facilitar o deslizamento entre as duas membranas enquanto os pulmões inflam e desinflam na mecânica da ventilação.

O assoalho da cavidade torácica é constituído pelo **diafragma**, uma lâmina musculotendínea em forma de cúpula que delimita a separação entre o tórax e o abdome. As margens do diafragma têm origem nas vértebras L1, L2 e L3; seus respectivos discos intervertebrais, na margem costal, nos pares das 11ª e 12ª costelas e no processo xifoide. O diafragma não apresenta uma inserção óssea, de forma que suas fibras convergem para um **centro tendíneo**, como os raios de uma roda de bicicleta. Um par de colunas musculotendíneas descem do diafragma para ancorá-lo nas vértebras lombares. Três importantes estruturas atravessam o diafragma: a artéria aorta, que passa pelo **hiato aórtico** – entre os pilares direito e esquerdo; o esôfago, que passa pelo **hiato esofágico** – cerca de 4 cm acima do hiato aórtico; e a veia cava inferior, que passa por uma abertura no centro tendíneo, denominada *forame da veia cava*.

Figura 2.16 Esquema do contorno das pleuras e da cavidade pleural

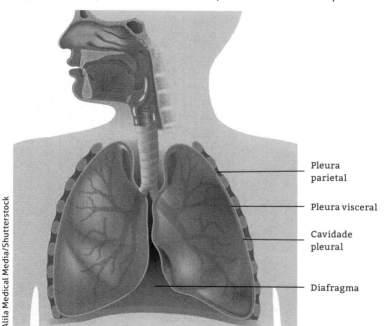

Pleura parietal

Pleura visceral

Cavidade pleural

Diafragma

Figura 2.17 Aberturas no diafragma: vista anteroinferior

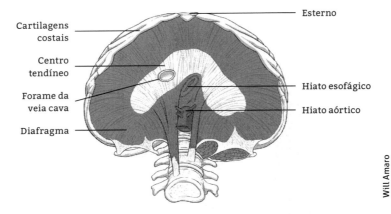

2.5 Aplicações práticas

Durante o esforço físico, o organismo depende de expressivos ajustes vitais e imediatos nos processos de fornecimento de oxigênio aos músculos, especialmente aos que participam do movimento. Entre as alterações agudas mais importantes está o aumento abrupto da frequência dos batimentos cardíacos e da frequência ventilatória.

Nesse tipo de situação, o coração é capaz de bombear um volume maior de sangue aos músculos, ao mesmo tempo que os pulmões aumentam seu trabalho de eliminar o gás carbônico e reoxigenar o sangue. A contração muscular pressiona os vasos sanguíneos, dificultando a passagem do sangue nos músculos. Para compensar, a pressão arterial sistólica também aumenta, até que o esforço seja interrompido e, em poucos minutos, volte aos valores de repouso. Além disso, para que os pulmões aumentem temporariamente sua eficiência em absorver mais oxigênio, é necessário que se expandam com maior volume a cada inspiração. Isso é possível graças aos músculos acessórios da inspiração, que tracionam as costelas para cima e o esterno para a frente, aumentando o volume inspiratório. Cada indivíduo tem uma capacidade máxima diferente de consumo de oxigênio nos músculos.

Todas as alterações agudas são previsíveis e naturais, pois o organismo busca suprir as demandas de oxigênio dos músculos e do próprio coração durante o esforço. Entretanto, embora conhecendo tais mecanismos, não é possível prever com exatidão a magnitude dessas respostas em cada indivíduo. Por exemplo, em uma atividade de aquecimento de 10 minutos, sabe-se que haverá um aumento imediato da frequência cardíaca, da pressão arterial e da frequência ventilatória em todos os participantes; porém, não é possível prever o valor exato desses marcadores fisiológicos em virtude da individualidade biológica do ser humano. Por isso, é necessário considerar o esforço percebido e reportado em cada pessoa, a fim de se estabelecer um parâmetro do quão extenuante foi o esforço da tarefa.

Algumas patologias que acometem o sistema cardiovascular são silenciosas. Dessa forma, podem não ser conhecidas pelo próprio portador da doença. Por exemplo, durante uma aula de Educação Física, o professor deve ficar atento aos alunos que se cansam rapidamente no início de qualquer atividade da aula, mesmo as de baixa intensidade. Caso a fadiga precoce esteja associada à palpitação (batimentos cardíacos irregulares em repouso), é possível que o aluno tenha prolapso da valva mitral, onde há um fechamento incompleto da valva a cada sístole, causando a regurgitação de uma fração de sangue de volta para o átrio em vez da ejeção para a artéria aorta. Isso leva a um volume insuficiente de sangue ejetado a cada sístole ventricular, forçando o coração a trabalhar mais e, consequentemente, a se cansar muito antes do que o normal.

▌ Síntese

Neste capítulo, descrevemos o coração como uma bomba hidráulica, os vasos sanguíneos como ductos condutores e os pulmões como captadores de oxigênio. Inicialmente, esclarecemos que o aspecto de cada estrutura interna do coração sugere sua respectiva função, como as valvas cardíacas, que se fecham e se abrem passivamente com a força do fluxo do sangue. Demonstramos também que a diferença no calibre e na espessura dos vasos sanguíneos próximos ao coração, em relação aos vasos mais periféricos, denota a diferença de pressão do sangue que passa por dentro desses tubos.

Após abordarmos a anatomia das estruturas envolvidas com a circulação sanguínea, apresentamos a anatomia das vias aéreas, um caminho de cavidades ocas intercomunicantes (denominado *trato*) que se estende do nariz aos pulmões.

A relação entre os sistemas cardiovascular e respiratório, conforme elucidamos, se estabelece na necessidade de se entregar o sangue que é oxigenado nos pulmões a todos os tecidos e de se eliminar no ar o gás carbônico proveniente da respiração de cada célula do corpo.

▌ Atividades de autoavaliação

1. Assinale a alternativa que denomina o grupo especializado de células que geram automaticamente seu próprio potencial de ação em um ritmo constante:

    a) Nó atrioventricular.

    b) Feixe de His.

    c) Nó sinoatrial.

    d) Miocárdio.

    e) Músculo papilar.

2. Qual é a função da valva tricúspide?

   a) Impedir o refluxo do sangue do átrio direito para o ventrículo direito.

   b) Impedir o refluxo do sangue do ventrículo esquerdo para o átrio esquerdo.

   c) Impedir o refluxo do sangue do tronco pulmonar para o ventrículo direito.

   d) Impedir o refluxo do sangue da artéria aorta para o ventrículo esquerdo.

   e) Impedir o refluxo do sangue do ventrículo direito para o átrio direito.

3. Assinale a alternativa que descreve corretamente a localização do nó sinoatrial:

   a) Entre os átrios e os ventrículos.

   b) No septo interventricular.

   c) No músculo papilar.

   d) Na porção superior do átrio direito, próximo à abertura da veia cava superior.

   e) No miocárdio da parede ventricular.

4. Qual é a estrutura anatômica responsável por vedar a cavidade torácica?

   a) Pleura.

   b) Diafragma.

   c) Bucofaringe.

   d) Brônquio lobar.

   e) Bronquíolo terminal.

5. Assinale a alternativa que descreve corretamente a anatomia de estruturas do sistema respiratório:

   a) Os bronquíolos terminais são as unidades funcionais dos pulmões.

   b) O pulmão esquerdo se divide em dois lobos: superior e inferior.

c) Os brônquios se ramificam progressivamente na seguinte ordem: principais, segmentares, lobares, bronquíolos e bronquíolos terminais.

d) Durante a deglutição, a glote desvia o alimento para o esôfago, no nível da laringofaringe.

e) As pregas vocais estão localizadas no interior da faringe.

▨ *Atividades de aprendizagem*

Questões para reflexão

1. Explique a importância de os sistemas cardiovascular e respiratório funcionarem como uma unidade para garantir o suprimento de oxigênio a todas as células.

2. Explique a importância dos mecanismos funcionais de bloqueio das vias aéreas em situações como a deglutição e a locomoção em meio aquático (natação).

Atividade aplicada: prática

1. Sentado, meça e anote sua frequência cardíaca, pressionando a ponta do dedo indicador direito contra o lado radial do punho esquerdo. Ao sentir a artéria radial pulsando, conte quantos batimentos sentiu durante 30 segundos e multiplique o resultado por 2. Assim, você obterá a frequência média por minuto. Depois de anotá-la, corra durante 5 minutos e meça imediatamente a frequência cardíaca ao final do exercício. Em repouso novamente, faça nova medição a cada 2 minutos, anotando as frequências cardíacas médias até retornar aos valores basais da primeira medição. Passe todos os valores anotados para um gráfico e tente explicar o comportamento da frequência cardíaca decorrente do esforço da corrida e sua relação com a respiração.

Capítulo 3

Sistema endócrino

Neste capítulo, apresentaremos o sistema endócrino, responsável pela regulação e pelo controle dos demais sistemas do organismo – embora suas atividades dependam intimamente de impulsos provenientes do sistema nervoso. Para isso, esclareceremos a função, a forma e a localização detalhada de cada uma das glândulas desse sistema, que correspondem aos seus órgãos.

De maneira geral, a função das glândulas é secretar hormônios diretamente na corrente sanguínea. Os hormônios atuam como sinalizadores químicos em receptores específicos, e seus níveis na corrente sanguínea são regulados por mecanismos de *feedback* positivo e negativo.

3.1 Glândulas suprarrenais

Também chamadas de *adrenais*, as glândulas suprarrenais são responsáveis pela produção de **hormônios corticosteroides** e **catecolaminas** em resposta a situações de estresse. Além disso, produzem hormônios **andrógenos**, responsáveis pelas características sexuais masculinas; **glucocorticoides**, que regulam os níveis de açúcar no sangue; e **aldosterona**, que contribui para a regulação da concentração de sais minerais no plasma sanguíneo.

Esse par de glândulas se situa no nível da vértebra T12, acima do segmento superior de cada rim, e apresenta coloração amarelada em virtude da gordura perinéfrica. A suprarrenal direita tem formato cônico e é ligeiramente mais baixa do que a esquerda, a qual tem formato semiesférico. Cada glândula suprarrenal apresenta uma camada externa (córtex adrenal) e outra interna (medula adrenal). Tais camadas têm funções distintas: o **córtex adrenal** secreta hormônios esteroides, glucocorticoides (como o cortisol) e aldosterona; e a **medula adrenal** secreta catecolaminas, como a epinefrina (adrenalina) e a norepenefrina (noradrenalina).

Figura 3.1 Glândulas suprarrenais

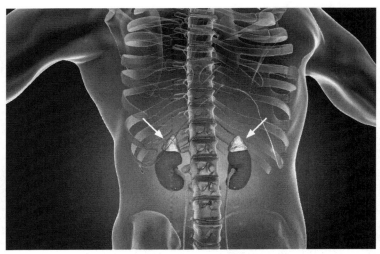

3.2 Gônadas

As gônadas são os órgãos reprodutores masculino e feminino. São as glândulas responsáveis por produzir os gametas e por secretar hormônios sexuais na corrente sanguínea.

Os **testículos** são as gônadas masculinas e estão situados abaixo do nível do assoalho pélvico, isolados no interior de uma bolsa, o **escroto**. Apresentam formato ovoide com orientação ligeiramente oblíqua em relação ao plano frontal. Esse formato é mantido por uma camada de tecido conjuntivo, a **túnica albugínea**.

A estrutura interna dos testículos é composta por centenas de minúsculos túbulos enrolados, os **túbulos seminíferos**, nos quais os espermatozoides são produzidos – estendidos, cada túbulo tem cerca de 0,5 m de comprimento. Por meio deles, os espermatozoides são conduzidos pelos **dúctulos eferentes** até o **epidídimo**, uma estrutura acoplada à borda posterior de cada testículo onde ocorre a maturação dos espermatozoides. O epidídimo também é constituído por um aglomerado contínuo de túbulos que, estendidos, têm cerca de 6 m de comprimento. A região de transição entre testículo e epidídimo é denominada *hilo* ou *mediastino testicular*.

O epidídimo tem uma trajetória craniocaudal, da extremidade superior à inferior do testículo; e se subdivide em cabeça, corpo e cauda. A partir da cauda, os epidídimos se estreitam, formando os **ductos deferentes**, que emergem para dentro da cavidade pélvica até penetrarem na próstata.

Os testículos produzem e secretam testosterona na corrente sanguínea pelas **células de Leydig**, presentes no interior dos túbulos seminíferos. A testosterona promove o desenvolvimento do sistema reprodutor masculino e as características sexuais secundárias no corpo do homem adulto.

Figura 3.2 Gônadas masculinas: vista lateral da hemipelve direita

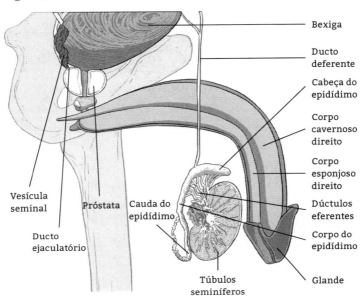

Os **ovários** são as gônadas femininas. São órgãos pares, em formato de amêndoas, com aproximadamente 3 cm de comprimento. Situam-se perto da inserção do **ligamento largo**, nas paredes da **cavidade pélvica**, suspendidos por duas **pregas peritoneais**, o **mesovário** e o **ligamento suspensor do ovário**. Os ovários são ligados ao útero por meio do **ligamento próprio do ovário**. A extremidade tubária dos ovários está voltada para as **fímbrias** das tubas uterinas.

Os ovários produzem e secretam na corrente sanguínea estrógeno e progesterona, hormônios responsáveis pela função reprodutora e pelas características sexuais secundárias do corpo da mulher adulta. No interior dos ovários, as unidades funcionais que produzem os ovócitos (gametas femininos) são denominadas *folículos*.

Figura 3.3 Gônadas femininas: vista superior com secção transversa do útero

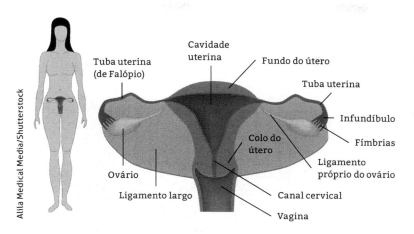

3.3 Hipófise

A hipófise, ou **pituitária**, é uma glândula ovoide alojada na fossa hipofisária da sela túrcica do osso esfenoide, posteriormente ao quiasma óptico. A hipófise se comunica com o hipotálamo por meio de uma fina haste, o **infundíbulo**, que se estende da margem superior da hipófise até a eminência mediana do hipotálamo. É dividida em hipófise anterior, ou adeno-hipófise, e hipófise posterior, ou neuro-hipófise. Essa glândula pode ser considerada a "glândula-mestra", tendo em vista que secreta nove hormônios para o funcionamento de todas as demais glândulas endócrinas. A adeno-hipófise é controlada por sinais do hipotálamo, o que forma uma importante unidade funcional neuroendócrina denominada *eixo hipotálamo-hipófise*.

Figura 3.4 Hipófise no encéfalo (com osso temporal esquerdo removido)

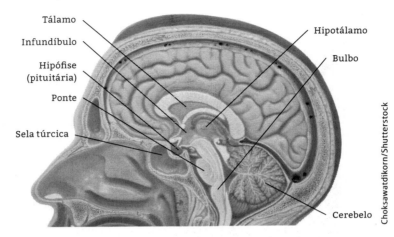

A **adeno-hipófise** produz e secreta sete hormônios:

- hormônio luteinizante (LH);
- hormônio folículoestimulante (FSH);
- somatotropina (GH);
- prolactina (PRL);
- adrenocorticotropina (ACTH);
- hormônio estimulante de melanócitos;
- hormônio tireoestimulante (TSH).

A **neuro-hipófise**, por sua vez, produz e secreta a ocitocina e o hormônio antidiurético (ADH).

3.4 Tireoide

A tireoide é uma das maiores glândulas do sistema endócrino. Está situada no pescoço, no nível da quinta e da sétima vértebras cervicais, circundando a traqueia logo abaixo do nível da cartilagem cricoide. Seu formato é semelhante a um escudo curvo em "U", de maneira que seus lobos direito e esquerdo se localizam nas paredes laterais da traqueia e estão unidos pelo **istmo da glândula tireoide**. Aderidos à face posterior de seus lobos estão as **glândulas paratireoides**, pequenas glândulas ovoides.

A tireoide produz e secreta **tri-iodotironina (T3)**, **tetraiodotironina (T4)** e **calcitonina (CT)**; e a paratireoide produz e secreta o **paratormônio (PTH)**.

Figura 3.5 Glândula tireoide: vista lateral

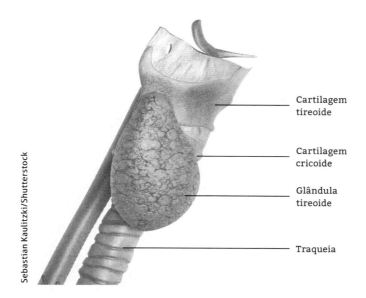

Figura 3.6 Glândula tireoide: vista anterior

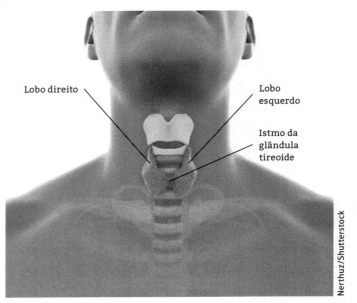

3.5 Aplicações práticas

O efeito dos hormônios sobre os tecidos-alvo pode ser observado em contextos de aulas experimentais pelo professor de Educação Física. Por exemplo, o consumo de alimentos com grande quantidade de carboidrato de alto índice glicêmico, como mel, melancia ou chocolate, causa uma rápida resposta insulínica no sangue. A insulina sinaliza o transporte de glicose da corrente sanguínea para dentro das células, o que leva à queda dos níveis de glicose no sangue. Em um teste prático, o professor de Educação Física pode fazer uma corrida de 12 minutos (teste de Cooper) em dois dias diferentes. Em um dos dias, os alunos serão orientados a ingerir somente uma maçã (baixo índice glicêmico) cerca de uma hora antes do teste. No outro dia, os alunos deverão consumir cereal de milho adoçado com mel (alto índice glicêmico). O desempenho nos dois dias deverá ser anotado e comparado. É possível que os alunos percebam uma fadiga mais rápida no dia do consumo do cereal com mel, visto que tais alimentos causam uma resposta insulínica mais acentuada, diminuindo rapidamente os níveis de glicose. Cabe ao professor explicar aos alunos a causa desse efeito, apontando a importância de se conhecer a ação dos hormônios no próprio corpo.

Alunos com diabetes tipo I são dependentes da administração de insulina injetável para manter sob controle seus níveis de glicose no sangue. Nesse tipo de diabetes, as ilhotas pancreáticas (células do pâncreas) não funcionam ou não produzem insulina suficiente. Isso pode aumentar os níveis de glicose circulando no sangue e levar a reações danosas em nervos e vasos sanguíneos.

Outro aspecto importante que um professor de Educação Física deve observar com relação à ação do sistema endócrino em seus alunos é a maturação biológica. Ao chegar à puberdade, meninos e meninas começam a apresentar alterações expressivas nos corpos. Uma delas é o aumento na taxa de crescimento em altura, em virtude da liberação de níveis maiores de GH (hormônio do crescimento) pela hipófise. Essa fase é chamada de *estirão do crescimento* e pode representar até 20% da altura final de uma pessoa. Como consequência, os alunos do ensino médio – principalmente meninos mais altos – podem apresentar dificuldades na aprendizagem motora de algumas habilidades esportivas em razão do rápido crescimento dos segmentos corporais.

⦀ *Síntese*

Neste capítulo, esclarecemos que o funcionamento dos órgãos depende de sinalizadores químicos, denominados *hormônios*, os quais são liberados por glândulas endócrinas na corrente sanguínea. Além disso, apresentamos as singularidades de aspecto, tamanho e localização de cada glândula do sistema endócrino, assim como a interdependência de mecanismos neurais para seu controle. Especificamente, demonstramos que a glândula hipófise pode ser considerada uma "glândula-mestra", pois suas secreções transportadas pelo sangue controlam a secreção das demais glândulas. Esse mecanismo é regulado pela interação da hipófise com o hipotálamo, formando, assim, um importante eixo neuroendócrino de regulação hormonal.

■ *Atividades de autoavaliação*

1. Qual a glândula responsável pela secreção de estrógeno e progesterona na corrente sanguínea?

    a) Hipófise.

    b) Testítulo.

    c) Ovário.

    d) Pâncreas.

    e) Tireoide.

2. Assinale a alternativa que cita a glândula que circunda a cartilagem cricoide e a extremidade cranial da traqueia:

    a) Hipófise.

    b) Testículo.

    c) Ovário.

    d) Pâncreas.

    e) Tireoide.

3. Que glândula é revestida pela túnica albugínea?

    a) Hipófise.

    b) Testículo.

    c) Ovário.

    d) Pâncreas.

    e) Tireoide.

4. Assinale a alternativa que explica corretamente a razão pela qual a hipófise é considerada uma "glândula-mestra":

   a) Porque é a maior das glândulas do sistema endócrino.

   b) Porque secreta os hormônios que regulam a atividade das demais glândulas.

   c) Porque se comunica diretamente com o cérebro.

   d) Porque secreta todos os hormônios existentes no organismo.

   e) Porque se comunica diretamente com o cerebelo.

5. Qual é a estrutura anatômica responsável por fazer a comunicação entre o hipotálamo e a hipófise?

   a) Corpo caloso.

   b) Vérmis.

   c) Córtex.

   d) Pedúnculo.

   e) Dura-máter.

■ *Atividades de aprendizagem*

Questões para reflexão

1. Relacione a importância das glândulas endócrinas com a regulação do funcionamento do organismo, considerando o tecido-alvo em que suas secreções devem atuar.

2. Explique como o pâncreas pode atuar na regulação da disponibilidade de glicose no sangue e qual é sua importância para a prática de atividades físicas.

Atividade aplicada: prática

1. Explique cinco doenças que afetam os sistemas endócrino e reprodutor, descrevendo seus sintomas e os potenciais benefícios que a prática regular de atividades físicas pode trazer para os portadores dessas doenças.

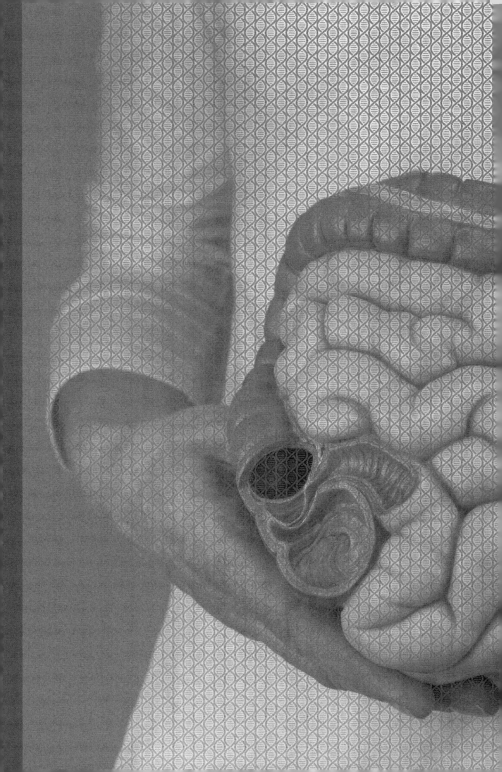

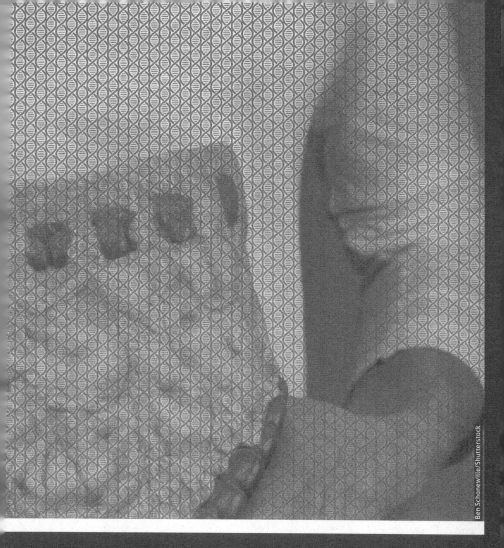

Capítulo 4

Sistema digestório

Neste capítulo, explicaremos os processos básicos da digestão. Em seguida, apresentaremos a anatomia de cada uma das partes do trato digestório – suas funções, seu aspecto e sua localização. Por fim, abordaremos a anatomia dos órgãos anexos do sistema digestório, que têm importante participação na digestão, embora não formem uma via alimentar.

4.1 Digestão

Os nutrientes contidos nos alimentos são fundamentais para fornecer energia ao organismo, principalmente na forma de carboidratos. Além disso, eles também fornecem proteínas, gorduras, vitaminas e minerais, os quais desempenham importantes funções na manutenção e na reconstrução dos tecidos, no transporte de elétrons e no suprimento das funções imunológicas (de defesa). Entretanto, para que o corpo seja capaz de absorver os nutrientes, os alimentos ingeridos devem passar por um complexo processo de transformação mecânica e química: a digestão. Esse processo ocorre ao longo das estruturas do trato gastrointestinal, um tubo de aproximadamente 9 m de comprimento que tem início na boca e termina no reto.

A digestão começa na boca, quando o alimento está sendo mastigado e misturado à saliva, formando um bolo alimentar. Durante a deglutição, a língua se eleva até o teto da cavidade bucal, pressionando o alimento para que seja conduzido à bucofaringe. Após o bolo alimentar passar pela bucofaringe, ele passa ainda pela laringofaringe e pelo esôfago.

Depois da ação de músculos voluntários na deglutição, uma onda de contrações involuntárias, denominada *peristaltismo*, move o bolo alimentar ao longo do esôfago até ele desembocar no estômago. No estômago, ele é misturado a ácidos e sucos digestivos e transformado em uma pasta pré-digerida quase líquida, denominada *quimo*. Com a liberação gradual do quimo para fora do estômago, a digestão é continuada por sucos digestivos liberados por ductos na primeira porção do intestino delgado. A maior parte da absorção dos nutrientes ocorre no intestino delgado, que, mediante as vilosidades em suas paredes, transporta-os para a corrente sanguínea.

Figura 4.1 Imagem de micrografia das vilosidades da parede do intestino

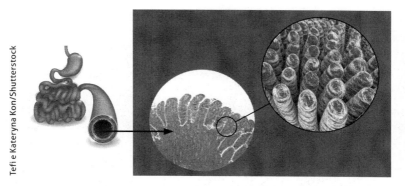

Tefi e Kateryna Kon/Shutterstock

Finalmente, uma menor parcela dos nutrientes ainda é absorvida no intestino grosso. Nele, os subprodutos não digeríveis são compactados e, lentamente, desidratados, até formar o **bolo fecal**. O preenchimento das últimas porções do intestino grosso com bolo fecal desencadeia os reflexos da evacuação.

Anatomicamente, o sistema digestório se divide em duas partes: (1) **trato gastrointestinal** e (2) **órgãos acessórios da digestão**. O trato consiste no conjunto de órgãos que se comunicam em sequência, por dentro do qual o material alimentar se move. Os órgãos acessórios participam dos processos digestivos, mas não há trânsito de alimento em seu interior.

4.2 Boca, faringe e esôfago

A **boca**, denominada *cavidade bucal*, é a entrada do trato gastrointestinal. É delimitada lateralmente pelas bochechas, inferiormente (em seu assoalho) pela língua e superiormente pelos palatos duro e mole ("céu da boca"). O pequeno recesso entre a mucosa dos lábios e os dentes é denominado *vestíbulo bucal*. O limite posterior da cavidade bucal se comunica com a bucofaringe.

A boca recebe ductos de três pares de glândulas salivares: a **glândula parótida**, a **glândula sublingual** e a **glândula submandibular**. É responsável pela ingestão, pela mastigação e pela deglutição. Considera-se que a digestão se inicia pela boca, uma vez que ali os alimentos são triturados em partes menores e misturados com a **saliva**, que contém uma enzima digestiva.

Figura 4.2 Cavidade bucal (a mandíbula está translúcida): vista posterolateral

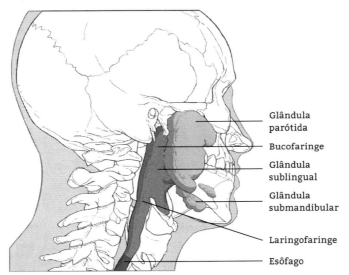

Os arcos dentários são inseridos nos alvéolos mandibulares. Além de cortar e triturar os alimentos, os **dentes** participam também da fala. Na infância, a cavidade bucal é formada por 20 dentes (os chamados *dentes de leite*), que são posteriormente substituídos por 32 dentes permanentes.

A **língua** é o órgão da sensibilidade do paladar e participa da fala. É predominantemente muscular, dividindo-se em músculos extrínsecos e intrínsecos. Os **músculos extrínsecos** são o hioglosso, o genioglosso (ambos ligados à raiz da língua), o palatoglosso, o estiloglosso e o condroglosso. Os **músculos intrínsecos** são o longitudinal superior, o longitudinal inferior, o vertical e o transverso.

Durante a deglutição, o alimento é pressionado pela língua contra o palato, movendo-se em seguida para a bucofaringe e a laringofaringe – estruturas contidas nos tratos respiratório e digestório, descritas anteriormente. O palato mole se eleva até fechar a passagem comum das cavidades nasal e bucal, o istmo, evitando que o alimento tenha acesso às coanas durante a deglutição.

O **esôfago** é um tubo muscular de 25 cm a 30 cm que se subdivide anatomicamente em três partes: cervical, torácica e abdominal. A **parte cervical** fica entre a traqueia e a coluna cervical, no nível das vértebras C5, C6 e C7. Apesar de a parte cervical do esôfago ter contato com a parede posterior da traqueia, as aberturas de seus anéis incompletos permitem um breve colapso, facilitando, assim, a passagem do alimento. A **parte torácica** está ligada à parte cervical, indo da primeira vértebra torácica até o assoalho do mediastino posterior, passando por trás do saco paricárdico, ligeiramente à direita da parte descendente da aorta. A partir da oitava vértebra torácica, ela faz uma flexura para a esquerda, cruzando à frente da aorta e atravessando o diafragma pelo hiato esofágico, no nível da décima vértebra torácica. A **parte abdominal** é a mais curta e está ligada à parte torácica. Após atravessar o hiato esofágico por trás do lobo esquerdo do fígado, ela se expande em um formato ligeiramente cônico até desembocar na junção gastroesofágica. A parte abdominal passa entre os dois pilares do hiato no diafragma e está aderida a ele por meio de fibras de tecido conjuntivo, que formam o **ligamento frenoesofágico**.

Figura 4.3 Esôfago (a linha pontilhada indica a posição do diafragma): vista lateral

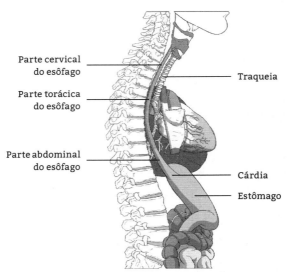

4.3 Estômago e intestinos

O **estômago** é a maior dilatação do trato gastrointestinal. Com forma de uma bolsa curva em "C" invertido, sua entrada se comunica com o esôfago e sua saída, com o duodeno. Está situado logo abaixo do diafragma, no quadrante superior esquerdo da cavidade abdominal.

O volume máximo do estômago é muito variável para cada indivíduo – em adultos, considera-se que seja de aproximadamente 1.500 ml.

A parede do estômago apresenta quatro camadas histologicamente distintas: **mucosa**, **submucosa**, **muscular** e **serosa**. A camada muscular apresenta fibras em diferentes direções, que se distinguem em **camada longitudinal** (externa), **camada circular** (intermediária) e **camada oblíqua** (interna). Embora não apresente limites visíveis, o estômago é dividido anatomicamente em quatro partes: cárdia, fundo, corpo e piloro.

A **cárdia** é a região da junção gastroesofágica, por onde o alimento entra. As distinções histológicas entre a parede do esôfago e a do estômago fazem com que essa transição apresente uma "linha Z" que delimita os órgãos. O **fundo gástrico** é a parte mais cranial e tem formato de um domo (semiesférico) voltado obliquamente para a esquerda, em contato com o diafragma. O **corpo gástrico** compreende dois terços do volume do estômago e apresenta uma **curvatura maior**, lateralmente, e uma **curvatura menor**, medialmente. As curvaturas convergem para a parte mais estreita e caudal do órgão (a saída), o **piloro**. Nele, situa-se o **esfíncter pilórico**, uma importante válvula muscular que regula o volume de saída do quimo para o duodeno. Precedendo o esfíncter, o piloro tem um estreitamento quase tubular, o **antro pilórico**, no qual algumas enzimas, como a gastrina e a somatostatina, são secretadas para a quebra química da estrutura dos alimentos.

O **intestino delgado** é a parte mais extensa do trato gastrointestinal, sendo responsável, portanto, pela maior parte da absorção de nutrientes. Ele se estende por aproximadamente 6 m desde o piloro até a junção ileocecal, consistindo em três partes: duodeno, jejuno e íleo. O **duodeno** é a primeira e mais curta parte do intestino delgado, com formato em "C" e extensão de aproximadamente 25 cm. Seu formato circunda a cabeça do pâncreas. É dividido em parte superior, parte descendente, parte horizontal e parte ascendente. A parte descendente tem maior importância para a digestão, pois as paredes dessa região recebem dois ductos, provenientes da vesícula biliar e do pâncreas. O **jejuno** é a segunda parte do intestino delgado, com aproximadamente 2,5 metros. Tanto o jejuno quanto o íleo são aderidos à parede posterior do abdome por meio de uma prega dupla de peritônio que reveste toda a cavidade abdominal, denominada *mesentério*.

O jejuno é ligeiramente mais dilatado do que o íleo e apresenta uma mucosa mais grossa, com vilosidades maiores. Embora a transição do jejuno para o íleo não apresente uma delimitação externa visível, o jejuno é ligeiramente mais dilatado e apresenta uma mucosa mais grossa, com vilosidades maiores. O **íleo** é a porção final do intestino delgado, com aproximadamente 3,5 metros. Ele desemboca no ceco por meio de uma passagem que tem a abertura controlada pela **valva íleocecal**. Apesar de o duodeno e o jejuno serem responsáveis pela maior parte da digestão, o íleo também tem um importante papel na absorção de eletrólitos, água, vitaminas e sais biliares.

O **intestino grosso** é a parte do trato gastrointestinal responsável pela formação, pela compactação e pela eliminação dos dejetos resultantes das substâncias que não foram absorvidas pelo intestino delgado. Seu interior apresenta uma rica flora bacteriana que controla a proliferação de organismos patogênicos. Tem aproximadamente 1,5 m de comprimento e se subdivide em ceco, cólon ascendente, cólon transverso, cólon descendente, cólon sigmoide e reto. O **ceco** é a primeira porção do intestino grosso, que recebe o material não digerido proveniente do íleo. É uma bolsa dilatada, com aproximadamente 6 cm de comprimento e 7 cm de largura. Comunica-se com a extremidade final do íleo por meio da valva íleocecal. Anexo ao fundo do ceco, situa-se um pequeno órgão alongado tubular, com fundo cego, denominado *apêndice vermiforme*. O **cólon ascendente** dá continuidade ao ceco e se estende para cima, percorrendo a parede lateral direita da cavidade abdominal até formar a **flexura cólica** (em 90°), abaixo do lobo direito do fígado. Entre as flexuras cólicas direita e esquerda, estende-se o **cólon transverso**, que dá prosseguimento ao cólon descendente. Ele é retroperitoneal e estende-se de cima a baixo, da flexura esquerda até a fossa ilíaca esquerda, onde se liga a uma curta porção sinuosa, o **cólon sigmoide**. Finalmente, o **reto** é a mais curta porção do intestino grosso e estabelece a comunicação com o canal de saída do trato gastrointestinal, o ânus. O reto é responsável por desencadear o mecanismo de evacuação quando as paredes da **ampola retal** se dilatam com a presença das fezes.

Figura 4.4 Órgãos digestórios na cavidade abdominal (diafragma translúcido)

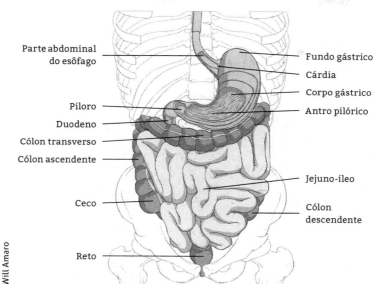

4.4 Órgãos acessórios na digestão

Situado abaixo do diafragma, o **fígado** é um órgão vital que desempenha diversas funções, incluindo a síntese de proteínas, a desintoxicação do sangue e a produção de enzimas digestivas. Por ser a maior víscera da cavidade abdominal, pesando em média 1,5 kg, ocupa três quartos do espaço entre as paredes laterais da cavidade torácica, predominantemente no quadrante superior direito do abdome.

O fígado apresenta uma **face diafragmática** e uma **face visceral**, além de ser dividido em **lobos** direito e esquerdo, sendo o último subdividido em lobos **quadrado** e **caudado**. O lobo direito tem o dobro do tamanho do lobo esquerdo; e ambos são delimitados pelo ligamento falciforme, o qual é responsável pela fixação do fígado à parede anterior do abdome. O suprimento de sangue oxigenado para o fígado provém da **artéria hepática comum**, um ramo do tronco celíaco. Já o sangue proveniente dos intestinos, rico em nutrientes, entra no fígado pela **veia porta hepática**.

Figura 4.5 Fígado: vista anterior

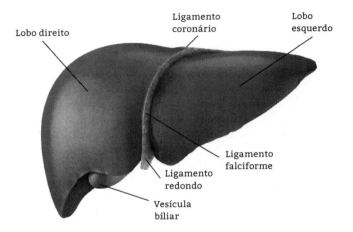

Figura 4.6 Fígado: vista inferior

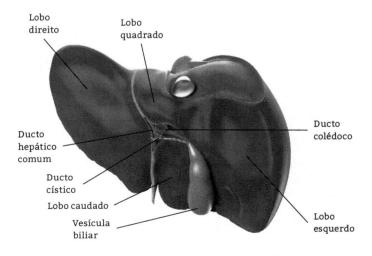

A **vesícula biliar** é um órgão que apresenta o formato de uma bolsa de aproximadamente 8 cm de comprimento. Anexa à face visceral do fígado, localiza-se entre os lobos direito e quadrado, formando uma impressão côncava.

Trata-se de um órgão que armazena e secreta a bile no duodeno por meio de ductos. O **ducto cístico** tem origem no colo da vesícula biliar e se estende por 4 cm até desembocar no **ducto hepático comum**, proveniente do fígado. A convergência dos ductos cístico e hepático comum dá origem ao **ducto colédoco**, o qual despeja a bile dentro do duodeno por meio da **ampola hepatopancreática**. A liberação da bile é controlada por meio da abertura e do fechamento de um minúsculo esfíncter na parede do duodeno, que, quando fechado, faz a bile refluir para a vesícula biliar.

Figura 4.7 Órgãos acessórios que secretam para o duodeno (estômago e duodeno translúcidos)

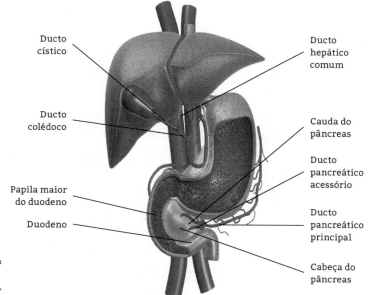

O **pâncreas** é um órgão com funções de glândula endócrina e órgão digestivo acessório, ou seja, produz e secreta os hormônios insulina e glucagon na circulação sanguínea e suco pancreático no duodeno. Trata-se se um órgão retroperitoneal, situado no nível das vértebras L1 e L2, posteriormente em relação ao estômago. É dividido em **cabeça**, **corpo** e **cauda** e apresenta comprimento aproximado de 13 cm. Sua cabeça fica na extremidade direita, que é mais larga, arredondada e mediana em relação ao corpo e à cauda. Um ducto pancreático principal, que se estende da cauda até a cabeça do pâncreas, expele o suco pancreático (rico em enzimas digestivas) na terminação do ducto colédoco, na parede do duodeno, formando a dilatação da ampola hepatopancreática.

As **glândulas salivares** são responsáveis pela produção e pela secreção de saliva, o que ocorre por meio de ductos que deságuam na cavidade bucal. As **glândulas parótidas** são as mais volumosas; estão localizadas ao redor dos ramos direito e esquerdo da mandíbula, sobrepostas à parte superficial do músculo masseter. Sua secreção de saliva ocorre por meio do **ducto parotídeo**, que desemboca logo acima do segundo molar. As **glândulas submandibulares** se situam na face medial da mandíbula e apresentam um aspecto de gancho, envolvendo o músculo miloioide. Já as **glândulas sublinguais** são as menores glândulas salivares e ficam no assoalho da cavidade bucal, abaixo da língua. Apresentam vários **ductos sublinguais menores**, por onde a saliva é secretada na base da língua; e um **ducto subligual maior**, que converge para se comunicar com o ducto submandibular, proveniente da glândula submandibular.

4.5 Aplicações práticas

Durante o exercício, o fluxo de sangue aumenta nos músculos e diminui nos órgãos digestórios. Essa transição de prioridade, controlada pelo sistema nervoso autônomo, explica por que algumas pessoas podem sentir náuseas ou desconforto abdominal durante a prática física. Refeições pesadas antes de exercícios não serão apropriadamente digeridas e não servirão de suprimento para o corpo em esforço. Pelo contrário, o consumo de uma grande quantidade de alimentos de digestão lenta antes do exercício pode interferir no desempenho físico. Cabe ao profissional explicar aos interessados que a velocidade da digestão varia conforme as características dos alimentos e que o próprio indivíduo deve estar atento a alguns sinais fornecidos pelo organismo durante as atividades físicas. Além disso, a constipação e o endurecimento das fezes podem ser uma sinal de má hidratação e consumo insuficiente de fibras.

Síntese

Neste capítulo, demonstramos que a anatomia do sistema digestório consiste no estudo das características de um longo tubo com subdivisões morfológicas de acordo com a função que cada parte desempenha na digestão. Por exemplo, o estômago é a porção mais dilatada do trato, mas apresenta em suas paredes as mesmas túnicas musculares que os intestinos e o esôfago. A presença de músculo liso (involuntário) na parede do trato gastrointestinal explica o movimento unidirecional do alimento em seu interior, o qual muda de conformação à medida que processos químicos e mecânicos o fragmentam em partículas menores, de estrutura química mais simples e absorvível. Nesse sentido, esclarecemos que a parte do trato gastrointestinal responsável pela absorção dos nutrientes é também a mais longa, com aproximadamente 6 m de comprimento.

Por fim, indicamos que há órgãos fundamentais no sistema digestório que não compõem o trato, mas que participam da digestão, sendo, por essa razão, denominados *órgãos acessórios*. São eles: as glândulas salivares, o fígado, o pâncreas e a vesícula biliar.

Atividades de autoavaliação

1. Assinale a alternativa correta sobre o sistema digestório:
   a) A faringe é um órgão acessório do trato digestório.
   b) A junção gastroesofágica se localiza no fundo gástrico.
   c) O duodeno se comunica com o fundo gástrico.
   d) No duodeno, desembocam os ductos colédoco, pancreático principal e pancreático acessório.
   e) O piloro se comunica com o jejuno.

2. Assinale a alternativa correta sobre as estruturas anatômicas relacionadas ao sistema digestório:
   a) A cavidade abdominal é revestida por uma membrana serosa denominada *peritônio*.
   b) O ducto hepático comum se une ao ducto pancreático na parede do duodeno.
   c) A vesícula biliar é um órgão do trato digestório que armazena e secreta a bile produzida pelo fígado.
   d) O pâncreas é um órgão do trato digestório.
   e) O cólon ascendente é a parte do intestino grosso que sobe pela lateral esquerda da cavidade abdominal.

3. Qual das estruturas a seguir faz parte dos órgãos acessórios do sistema digestório?
   a) Íleo.
   b) Ducto pancreático.
   c) Laringofaringe.
   d) Reto.
   e) Duodeno.

4. Tendo em vista as estruturas do trato digestório, assinale V para as afirmações verdadeiras e F para as falsas:
   ( ) O fígado faz parte do trato digestório.
   ( ) O duodeno é a parte mais curta do intestino grosso.

( ) O cólon ascendente faz parte do intestino delgado.

( ) O ceco é a primeira parte do intestino grosso.

( ) O piloro é a porção do estômago que dá continuidade ao duodeno.

Agora, assinale a alternativa que apresenta a sequência correta:

a) F, V, F, V, V.

b) V, F, F, F, V.

c) V, V, F, F, F.

d) F, F, F, V, V.

e) F, V, F, V, F.

5. De acordo com a sequência das estruturas anatômicas do trato digestório, qual órgão recebe o conteúdo proveniente do íleo?

a) Esôfago.

b) Bucofaringe.

c) Piloro.

d) Glândula parótida.

e) Ceco.

▨ *Atividades de aprendizagem*

Questões para reflexão

1. Explique a relação entre o comprimento dos intestinos e a função do sistema digestório de suprir o organismo com nutrientes.

2. Explique a importância dos órgãos acessórios para o sistema digestório.

Atividade aplicada: prática

1. Faça um relatório diário de sua alimentação durante cinco dias seguidos, anotando o que comeu em cada refeição, inclusive lanches e petiscos. Após ter o registro, pesquise a quantidade aproximada de calorias de cada um dos alimentos consumidos e estime o consumo médio de calorias ingeridas por dia. No mesmo relatório, estime a proporção de carboidratos, proteínas e gorduras de cada alimento que consumiu com base em tabelas nutricionais encontradas na internet. Por fim, compare o que consumiu ao seu gasto energético com atividades físicas ao longo do dia.

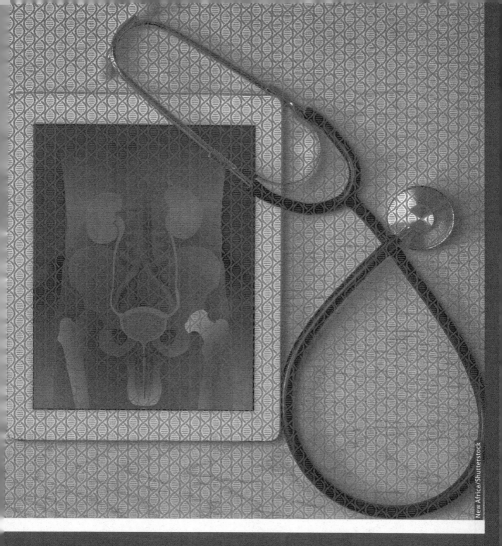

Capítulo 5

Sistema urinário

Neste capítulo, apresentaremos a forma, a função e a localização de todas as estruturas anatômicas que compõem o sistema urinário. Inicialmente, abordaremos as funções desse sistema e a anatomia dos rins – órgãos produtores e secretores de urina. Em seguida, descreveremos a anatomia dos ureteres – ductos que conduzem a urina até a bexiga. Por fim, examinaremos a anatomia da uretra, com destaque para as distinções anatômicas entre homens e mulheres.

5.1 Sistema excretor

O sistema urinário é responsável por filtrar o sangue e eliminar subprodutos do metabolismo, denominados metabólitos. Para que isso ocorra, dois processos são necessários: a secreção da urina produzida pelos rins e sua excreção. Explicaremos a seguir esse processo.

Os metabólitos são transportados das células para a corrente sanguínea, visto que seu acúmulo é potencialmente nocivo no meio intracelular. Uma vez na corrente sanguínea, eles são filtrados no organismo pelos rins, que desempenham um importante papel na regulação do equilíbrio orgânico (homeostase).

Depois de o sangue entrar nos rins por meio das artérias renais, ele é distribuído por um sistema de arteríolas até alcançar os néfrons, onde água, sais e metabólitos são absorvidos pelas paredes de um sistema de túbulos microscópicos. Algumas substâncias são seletivamente reabsorvidas à medida que passam por esses túbulos, sendo devolvidas ao sangue. O restante desse processo de filtração, reabsorção e secreção forma a urina, que é conduzida pelos ureteres até a bexiga. A bexiga armazena temporariamente a urina até que o seu enchimento aumente a tensão de suas paredes e o sistema nervoso desencadeie contrações. Por fim, a urina é expelida pela uretra durante a micção.

O trato urinário é constituído pelos rins, pelos ureteres, pela bexiga e pela uretra. Algumas diferenças entre os sexos masculino e feminino são encontradas na bexiga e na uretra, as quais serão apontadas neste capítulo.

Diversas funções vitais dependem do sistema urinário para a regulação e a manutenção da homeostase, a exemplo da regulação da pressão arterial, regulação do pH sanguíneo, produção de hormônios, regulação dos níveis de glicose no sangue, regulação do volume de plasma e manutenção do equilíbrio osmótico e iônico do sangue.

5.2 Rins

Os rins são órgãos retroperitoneais pares, cada um situado em um lado do corpo, no nível entre as vértebras T12 e L3. Estão encapsulados por três lâminas de tecido conjuntivo, denominadas *cápsula renal* (profunda), *gordura perirrenal* (intermediária) e *fáscia renal* (superficial). Cada rim apresenta, aproximadamente, 11 cm de comprimento e 6 cm de largura, e pesa, em média, 150 g. A extremidade superior contém a glândula suprarrenal. O rim direito é ligeiramente mais baixo do que o rim esquerdo, em razão do espaço ocupado acima pelo volumoso lobo direito do fígado. O aspecto dos rins em forma de grãos de feijão faz com que apresentem uma face convexa na margem lateral e outra côncava na margem medial, onde fica o **hilo renal**. O hilo é a abertura, em forma de fenda, por onde passam os vasos sanguíneos e a pelve renal.

A estrutura interna dos rins apresenta duas áreas com coloração distinta: o **córtex renal**, mais avermelhado e liso; e a **medula renal**, mais escura (tom marrom-avermelhado). Ambas constituem a parte funcional, na qual é possível encontrar cerca de um milhão de **néfrons**. A medula renal é constituída por 8 a 18 estruturas cônicas, as **pirâmides renais**. A base das pirâmides está voltada para o córtex renal, ao passo que o ápice, denominado *papila renal*, está voltado para o hilo. O córtex renal sofre invaginações entre as pirâmides, formando as **colunas renais**. Cada papila renal desemboca em um tubo coletor de urina, o **cálice renal menor**. Esses cálices menores drenam a urina para os cálices renais maiores, que confluem para um único canal em forma de funil, a **pelve renal**.

Figura 5.1 Posição dos rins em relação à coluna e ao último par de costelas

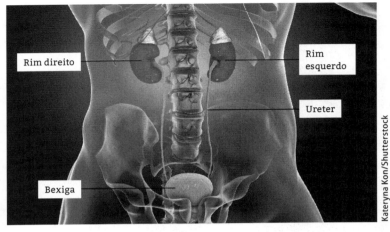

A anatomia dos néfrons pode ser observada somente em microscópio eletrônico. Os elementos que constituem o néfron são: cápsula glomerular, glomérulo, túbulo contorcido proximal, alça do néfron, túbulo contorcido distal e túbulo coletor.

Figura 5.2 Rim direito em corte frontal: vista anterior

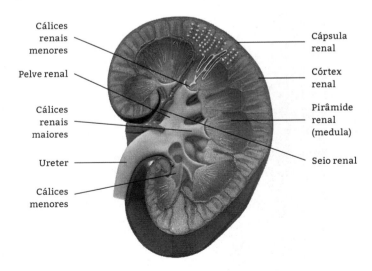

Figura 5.3 Esquema de um néfron

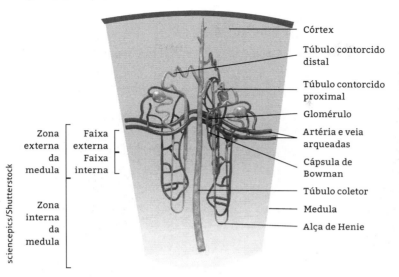

5.3 Ureteres e bexiga

Os ureteres são finos tubos bilaterais de músculo liso que ativamente transportam a urina dos rins para a bexiga por meio de peristaltismo. Eles têm, em média, 25 cm ou 30 cm de comprimento e 6 mm de diâmetro. A extremidade cranial do ureter se origina no estreitamento da pelve renal fora do hilo. A extremidade caudal apresenta uma camada muscular lisa mais espessa, para favorecer a **peristalse**[1]. A porção abdominal do ureter desce anteriormente à parede posterior do abdome. Em seguida, atravessa o assoalho pélvico e cruza à frente das artérias e veias ilíacas, para, então, abrir-se em um orifício bilateral na parede da bexiga, o **óstio da uretra**. Algumas distinções na porção pélvica do ureter são encontradas entre homens e mulheres. Nos homens,

---

[1] Onda de contrações involuntárias que propulsiona o conteúdo dentro do trato digestório.

a trajetória do ureter cruza posteriormente os ductos deferentes antes de desembocar na bexiga, logo acima do polo superior da vesícula seminal. Nas mulheres, os ureteres perfuram o mesométrio (peritônio sobre o útero) no assoalho pélvico, formando uma trajetória curva que passa cerca de 2 cm de cada lado do colo do útero, ao nível do qual os ureteres desembocam na parede posterior da bexiga.

A **bexiga** é um órgão infraperitoneal oco e arredondado, com parede muscular grossa e distensível, situado posteriormente à sínfise púbica e anteriormente ao reto. Ela repousa sobre o diafragma muscular urogenital, no assoalho pélvico. Suas partes são: ápice, fundo, corpo, trígono e colo.

A bexiga serve de reservatório temporário para a urina, apresentando uma capacidade média de armazenamento que varia entre 700 ml e 900 ml. Considera-se uma capacidade menor na bexiga feminina em virtude do espaço que o útero ocupa sobre sua face superior. O interior da bexiga apresenta uma área triangular lisa, o **trígono**, delimitada por três orifícios: os óstios dos ureteres (direito e esquerdo) e o óstio interno da uretra. Há um **esfíncter interno** involuntário no colo da bexiga. Ele circunda o canal da uretra logo abaixo de seu óstio interno, evitando, assim, a liberação indesejada de urina. Confira na Figura 5.4 o trígono da bexiga pela linha tracejada.

Figura 5.4 Bexiga: vista posterolateral direita

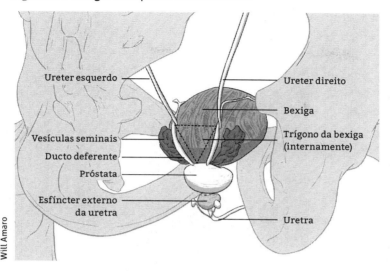

5.4 Uretras masculina e feminina

A **uretra** é um tubo de aproximadamente 6 mm de diâmetro que se estende do colo da bexiga até a saída dos genitais. Tem a função de transportar a urina para o meio externo.

A parede da uretra apresenta um epitélio de revestimento com pequenas **glândulas uretrais** secretoras de muco, o qual previne a irritação causada pelo ácido úrico presente na composição da urina.

A uretra apresenta significativas diferenças anatômicas entre os dois gêneros, tendo cerca de 20 cm de comprimento em homens e 4 cm em mulheres.

A **uretra masculina** apresenta as funções excretora (sistema urinário) e ejaculadora (sistema reprodutor). Ela é dividida em três partes: prostática, membranácea e esponjosa. A **parte prostática** atravessa a próstata, dentro da qual existem dois óstios dos ductos ejaculatórios. Já a **parte membranácea** atravessa o diafragma urogenital, o qual forma o **esfíncter externo da uretra**. Por fim, a **parte esponjosa** percorre o interior do corpo esponjoso do pênis, atravessando longitudinalmente o bulbo, o corpo e a glande do pênis.

Figura 5.5 Uretra masculina

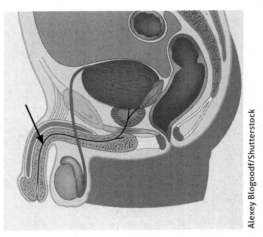

A **uretra feminina** não apresenta divisões anatômicas e não participa da reprodução. Sua trajetória é ligeiramente oblíqua no sentido posteroanterior. Seu óstio externo está a menos de 1 cm (anteriormente) da abertura da vagina.

Figura 5.6 Uretra feminina

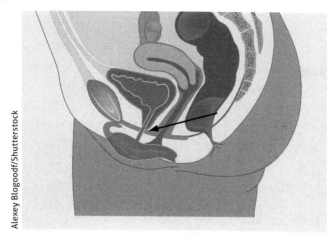

Alexey Blogoodf/Shutterstock

5.5 Aplicações práticas

A formação de cálculos (pedras) renais pode causar a obstrução completa ou incompleta da passagem da urina pelos cálices renais ou pelos ureteres. Os cálculos são constituídos por sais de ácidos inorgânicos que se aglomeram e formam cristais.

Embora não seja possível determinar suas causas, os sintomas de uma crise de cálculo renal são bastante característicos, pois provocam uma dor muito intensa próxima à coluna (se for nos rins) ou na virilha (se o cálculo migrar para o ureter). Vômito e diarreia são sintomas que acompanham a dor lancinante.

Dependendo do tamanho do cálculo, as pedras podem ser fragmentadas em pedaços menores por meio de um procedimento médico denominado *litotripsia*, no qual se aplicam ondas sonoras de alta frequência que fazem o cálculo vibrar até se quebrar. Os fragmentos resultantes são depois expelidos naturalmente pela micção.

⦚ *Síntese*

Neste capítulo, elucidamos que o equilíbrio da concentração de algumas substâncias no sangue depende de um processo de filtração seletiva nos rins. Para isso, descrevemos a anatomia dos rins nos níveis macro e microscópico, com destaque para a relação topológica com órgãos adjacentes, como o fígado, o pâncreas e os intestinos. Também destacamos as diferenças anatômicas entre a uretra do homem e a da mulher.

▦ *Atividades de autoavaliação*

1. Assinale a alternativa que descreve corretamente a relação anatômica entre as estruturas internas dos rins:

   a) Os cálices renais menores desembocam diretamente no ureter.

   b) Depois que passa pelo hilo renal, a pelve renal se torna uma dilatação da uretra.

   c) Os cálices renais têm formato piramidal.

   d) A urina é conduzida dos rins para a bexiga urinária através da uretra.

   e) Os néfrons estão localizados nos cálices renais.

2. Que estrutura anatômica é atravessada pela uretra membranácea?

   a) Diafragma urogenital.

   b) Corpo esponjoso.

   c) Próstata.

   d) Parede da bexiga.

   e) Medula renal.

3. Assinale a alternativa que descreve corretamente a localização anatômica dos órgãos do sistema urinário:

a) Os rins se localizam no nível das vértebras L2 a L4.

b) Os ureteres desembocam na face anterior da parede da bexiga.

c) A bexiga feminina fica abaixo do corpo do útero.

d) A uretra é um canal que sai da parede posterior da bexiga.

e) O rim esquerdo é mais baixo que o rim direito.

4. A respeito da função das arteríolas aferentes, é correto afirmar:

a) Conduz o sangue ao interior do rim.

b) Conduz o sangue para fora da cápsula glomerular.

c) Reabsorve o filtrado glomerular.

d) Conduz o sangue para o interior da cápsula glomerular.

e) Reabsorve minerais.

5. Assinale a alternativa que descreve corretamente a anatomia da uretra:

a) A uretra apresenta aproximadamente 12 mm de diâmetro.

b) Nos homens, a uretra atravessa o corpo cavernoso do pênis.

c) Em ambos os sexos, a uretra atravessa o diafragma urogenital.

d) A uretra apresenta o mesmo comprimento em homens e mulheres.

e) A uretra apresenta válvulas que regulam a passagem na urina.

Atividades de aprendizagem

Questões para reflexão

1. Explique a razão pela qual o homem tem em sua anatomia estruturas em comum nos sistemas urinário e reprodutor.

2. Explique a importância de os rins filtrarem o sangue e a relação entre esses órgãos e o controle da pressão arterial.

Atividade aplicada: prática

1. Escreva um texto sobre a relação do sistema urinário com o controle da pressão arterial, citando o efeito de alguns medicamentos e hábitos alimentares (consumo de bebidas, chás, etc.) que influenciam na diurese.

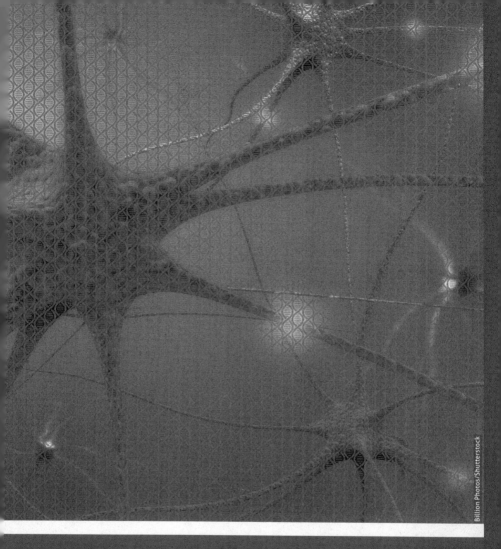

Capítulo 6

Sistema nervoso

Neste capítulo, apresentaremos noções fundamentais de neuroanatomia. Inicialmente, indicaremos a complexa organização funcional do sistema nervoso. Em seguida, descreveremos a anatomia do sistema nervoso central, mais especificamente o aspecto e a localização das estruturas encefálicas, como o cérebro, o cerebelo e o tronco encefálico. Na sequência, demonstraremos a anatomia da medula espinal, que possibilita ações reflexas do organismo e faz a comunicação de todas as partes do corpo com o encéfalo. Por fim, abordaremos a anatomia do sistema nervoso periférico, com destaque para os nervos cranianos e os plexos nervosos.

6.1 Organização funcional do sistema nervoso

O sistema nervoso é responsável pelo controle e pela integração entre os demais sistemas. As informações aferentes (sensoriais) e eferentes (de controle) trafegam por um complexo sistema de condução elétrica, o qual permite ao cérebro coordenar os movimentos, manter o funcionamento de órgãos vitais e desenvolver habilidades consciente e inconscientemente. A produção e a transmissão desses impulsos são feitas por meio de **sinapses**[1] entre células especializadas, denominadas *neurônios*.

O sistema nervoso pode ser funcionalmente dividido em **sistema nervoso central** (SNC) e **sistema nervoso periférico** (SNP).

O SNC é constituído pelo **encéfalo** e pela **medula espinal**, sendo responsável pela geração dos impulsos efetores para controlar a atividade de um órgão ou de um músculo; receber os impulsos aferentes provenientes do SNP; permitir ajustes corporais ao ambiente externo; e identificar sinais internos de alerta.

Figura 6.1 Estrutura de um neurônio

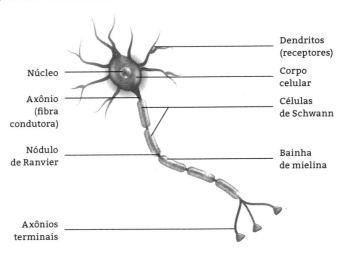

---

[1] Comunicação entre neurônios por meio de sinalizadores químicos.

O SNP é constituído por todos os nervos e grupos de corpos neuronais (gânglios) fora do SNC. Tem a função de comunicar todos os tecidos com o SNC, como uma espécie de rede de fiação elétrica. Existem 43 pares de nervos principais que emergem dos lados direito e esquerdo do SNC, sendo 12 provenientes do crânio e 31 da medula espinal.

Funcionalmente, o SNP tem uma **divisão aferente**, com neurônios sensitivos somáticos e viscerais; e uma **divisão eferente**, com neurônios motores que são controlados de forma involuntária (autônoma) ou voluntária (somática). O controle autonômico é dinâmico e varia conforme a interação do corpo com o ambiente. Nesse sentido, o controle efetuado pelo sistema nervoso autonômico **parassimpático** predomina sob condições basais, em que o organismo controla processos lentos (como a digestão). Já sob condições de estresse, quando há uma situação de risco, o predomínio do controle muda para o sistema nervoso autonômico **simpático**, que prepara o organismo para respostas de luta ou fuga.

Figura 6.2 Organização funcional do sistema nervoso

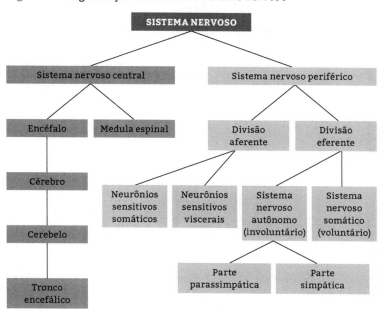

6.2 Sistema nervoso central – encéfalo

O **encéfalo** (do grego *en* – "dentro"; e *kephalos* – "cabeça") é o conjunto de estruturas do sistema nervoso alojado no crânio, sendo constituído por cérebro, cerebelo e tronco encefálico. Essas estruturas são envoltas e protegidas por três camadas de películas fibrosas, as **meninges**. A meninge mais superficial e mais espessa é a **dura-máter**; a intermediária é a **aracnoide**; e a mais profunda, em contato com o tecido nervoso, é a **pia-máter**. O espaço subaracnoide é preenchido pelo **líquido cerebrospinal**, ou **líquido cefalorraquidiano**, produzido pelas células do plexo coroide, nos ventrículos encefálicos. Esse líquido, também conhecido por *líquor*, é incolor e puro e serve de amortecedor hidráulico que previne impactos do encéfalo contra as paredes ósseas do crânio.

Figura 6.3 Encéfalo: vista lateral direita

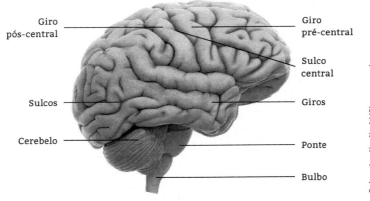

Sebastian Kaulitzki/Shutterstock

O desenvolvimento embrionário do encéfalo tem origem no tubo neural, o qual divide-se em telencéfalo, diencéfalo, mesencéfalo, metencéfalo e mielencéfalo. O desenvolvimento do **telencéfalo** dá origem aos hemisférios direito e esquerdo do cérebro. O **diencéfalo** forma o tálamo e o hipotálamo, ambos contidos entre os hemisférios cerebrais. O **mesencéfalo** está localizado acima do diencéfalo, formando a porção mais rostral do tronco encefálico. O **metencéfalo** se desenvolve formando a ponte e o cerebelo. O **mielencéfalo** é a parte mais caudal do tronco encefálico, situado no nível do forame magno.

O **cérebro** apresenta dois hemisférios, separados parcialmente por uma fissura longitudinal até um arco de junção denominado *corpo caloso*, composto de fibras que se cruzam e permitem a comunicação entre os hemisférios direito e esquerdo. Tendo como referência o osso do crânio (que os protege), os hemisférios são subdivididos anatomicamente em **lobos frontal, parietal, temporal e occipital**. Como as fibras de projeção e de associação na substância branca fazem a integração entre diferentes áreas do cérebro, os lobos cerebrais não delimitam funções cerebrais, embora se acredite que o lobo occipital seja exclusivamente relacionado à visão.

A superfície do cérebro é constituída predominantemente pela **substância cinzenta**, que apresenta tal coloração em razão da concentração de bilhões de corpos neuronais. O contraste entre as substâncias cinzenta e branca se deve aos lipídios da bainha de mielina nos axônios, que confere a coloração branca em áreas subcorticais do cérebro.

O córtex sofre várias invaginações durante seu desenvolvimento, formando os **sulcos cerebrais**, os quais delimitam circunvoluções denominadas *giros*. Dessa forma, é possível ter uma quantidade maior de neurônios no cérebro sem que haja necessidade de aumentar o volume do crânio para comportá-lo. Por exemplo, se, hipoteticamente, os giros fossem todos estendidos, como no desdobrar de uma toalha, o cérebro ocuparia uma área muito maior no crânio.

Cada sulco e giro cerebral recebe uma denominação. Entre os mais importantes – em virtude de sua distinção funcional – estão o sulco central, o giro pré-central e o giro pós-central. O **sulco central** é o único que descreve uma trajetória completa no plano coronal, estendendo-se entre os sulcos laterais direito e esquerdo.

O **giro pré-central** delimita as áreas responsáveis pelo controle motor, ao passo que o **giro pós-central** demarca as áreas relacionadas à sensibilidade.

Entre os hemisférios cerebrais, há duas cavidades fechadas que contêm o líquido cerebrospinal, chamadas de *ventrículo direito* e *ventrículo esquerdo*. Ambas o drenam para o **III ventrículo** por meio do forame interventricular. Esse sistema fechado de circulação fornece proteção mecânica às estruturas encefálicas e também facilita o transporte de células do sistema imunológico.

O **cerebelo** é a parte do encéfalo responsável pela aprendizagem motora e por efetuar os ajustes necessários para a manutenção da postura – mediante o controle do tônus muscular. A coordenação motora é também função do cerebelo, no sentido de organizar os múltiplos componentes envolvidos na produção do movimento. É constituído por dois hemisférios situados nas fossas cerebelares, acima da crista occipital interna, posteriormente à ponte e ao bulbo. Os hemisférios se comunicam por meio de uma estrutura mediana, o **vérmis**.

Imediatamente acima do cerebelo, está a **membrana tentória**, uma reflexão da dura-máter que separa o cerebelo dos lobos occipitais. Outra reflexão dural, a **foice cerebelar**, forma um septo que separa incompletamente os hemiférios direito e esquerdo do cerebelo. Os **pedúnculos cerebelares** inferior, médio e superior ajudam na comunicação do cerebelo com a medula e o bulbo (inferior), a ponte (médio) e o mesencéfalo (superior).

Figura 6.4 Cerebelo: vista posterior

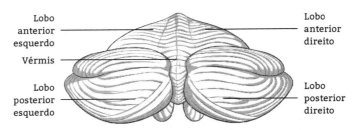

O **tronco encefálico** está localizado entre a medula espinal e o tálamo (parte do diencéfalo), anteriomente ao cerebelo. É constituído por uma substância branca, por onde passam tratos de vias ascendentes (sensitivas) e descententes (motoras); e por uma substância cinzenta difusa em diversas áreas. Os núcleos da substância cinzenta do tronco encefálico desempenham importantes funções, como o controle da respiração e da pressão arterial. Nesse sentido, dez pares de nervos cranianos têm sua origem nele.

O tronco encefálico apresenta três partes no sentido craniocaudal: mesencéfalo, ponte e bulbo. O **mesencéfalo** (do grego *meso* – "meio"; e *képhalos* – "cabeça") é a parte mais cranial do tronco encefálico e tem essa denominação em virtude da posição central que ocupa no interior da cabeça, em qualquer vista de observação. Situa-se entre a ponte e o tálamo e se divide em **tecto** e **pedúnculo cerebral**. O tecto apresenta um canal que comunica o III ventrículo com o IV ventrículo, o **aqueduto cerebral**. O aspecto ventral apresenta feixes de fibras que formam o **pedúnculo cerebral anterior** e o **pedúnculo cerebral posterior**, ambos separados por agrupamentos de núcleos que formam a **substância negra**. Do mesencáfalo, emergem as raízes que formam os pares de nervos III, IV e V.

A **ponte** está posicionada abaixo do mesencéfalo e acima do bulbo. Ela apresenta fibras de comunicação entre os hemisférios cerebelares.

O **sulco bulbo-pontino** é uma importante fissura de onde emergem as raízes dos pares de nervos cranianos VI, VII e VIII. Divide-se em uma porção anterior, denominada *corpo trapezoide*, e uma porção posterior, chamada *tegmento*.

O **bulbo** (ou medula oblonga) é a porção mais caudal do tronco encefálico. Tem formato cônico e é ligado à medula espinal. A delimitação entre o bulbo e a medula não é visível. Considera-se o nível do forame magno como linha de referência para essa distinção.

O bulbo apresenta uma fissura mediana que separa duas circunvoluções verticais, as **pirâmides**, as quais são ligadas aos funículos anteriores da medula espinal. Os tratos que passam por essa área são denominados *piramidais* e sofrem uma decussação (cruzamento) das fibras de um lado para o outro. Funcionalmente, a decussação das pirâmides explica como um dos hemisférios cerebrais controla o lado oposto do corpo.

Figura 6.5 Hemiencéfalo direito: vista medial

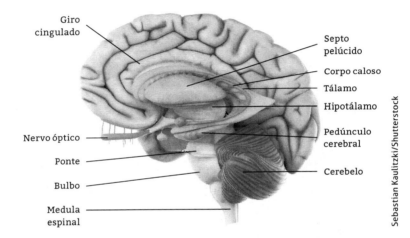

6.3 Sistema nervoso central – medula espinal

A medula (do latim *medulla* – "miolo") espinal (ou espinhal) é uma estrutura alongada, quase cilíndrica, que ocupa dois terços do canal vertebral. Apresenta um comprimento médio de 45 cm em homens e de 42 cm em mulheres, estendendo-se da margem superior de atlas até a borda inferior da vértebra L1 ou borda superior da vértebra L2. A extremidade cranial se comunica com o bulbo no nível do forame magno. Já a extremidade caudal é o **cone medular**, assim denominado em virtude de seu formato.

A medula apresenta duas dilatações, denominadas *intumescência cervical* e *intumescência lombar*, as quais são formadas pelo agrupamento de raízes nervosas que dão origem aos plexos braquial e lombossacral. Esses plexos são responsáveis pelo suprimento neural dos membros superiores e inferiores. As meninges dura-máter, aracnoide e pia-máter também revestem a medula espinal, como no encéfalo, formando o **saco dural**. A partir do cone medular, a pia-máter se estende até a terminação caudal do saco dural na forma de um fio, intitulado *filamento terminal*. Pregas da pia-máter, chamadas *ligamentos denticulados*, emergem da superfície medular para aderir à aracnoide e à própria dura-máter, fornecendo uma firme sustentação da medula espinal dentro do canal vertebral.

Figura 6.6 Medula espinal: vista anterior

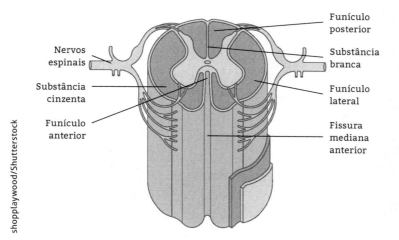

A medula espinal tem sulcos e fissuras que delimitam importantes áreas funcionais: a **fissura mediana anterior**, o **sulco mediano posterior**, o **sulco intermédio dorsal**, o **sulco**

anterolateral e o **sulco posterolateral**. As raízes nervosas ventrais e dorsais emergem, respectivamente, dos sulcos laterais anteriores e posteriores da medula. Os corpos dos neurônios formam na medula uma substância cinzenta em forma de "H", a qual é circundada pelas fibras mielínicas da substância branca. Essa substância cinzenta se subdivide em **colunas anterior, lateral** e **posterior**, ao passo que a substância branca se subdivide em **funículos anterior, lateral** e **posterior**.

6.4 Sistema nervoso periférico

O SNP é constituído por 12 pares de nervos cranianos e 31 pares de nervos espinais. Os nervos cranianos têm origem no encéfalo e suprem os olhos, a orelha, as sensibilidades olfativa e da face e alguns músculos da face e do pescoço. Os nervos espinais têm origem na medula espinal e suprem os tecidos do tórax, do abdome e dos membros superiores e inferiores. Os 43 pares de nervos são categorizados de acordo com o tipo de neurônio encontrado neles: nervos sensitivos, motores ou mistos.

Os 12 pares de nervos cranianos (com sua classificação) são:

I. **olfatório** (sensorial puro)

II. **óptico** (sensorial puro)

III. **oculomotor** (motor puro)

IV. **troclear** (motor puro)

V. **trigêmeo** (misto: motor e sensitivo)

VI. **abducente** (motor puro)

VII. **facial** (misto: motor e sensitivo)

VIII. **vestíbulococlear** (sensorial puro)

ix. **glossofaríngeo** (misto: motor e sensitivo)
x. **vago** (misto: motor e sensitivo)
xi. **acessório** (motor puro)
xii. **hipoglosso** (motor puro)

Alguns nervos cranianos fazem parte da divisão autonômica parassimpática, que controla órgãos sob condições basais da vida vegetativa. São eles: oculomotor (III); facial (VII); glossofaríngeo (IX); vago (X); e acessório (XI).

Os 31 pares de nervos espinais têm origem na convergência das **raízes ventrais** (motoras) com as **raízes dorsais** (sensitivas) no nível em que elas emergem da medula espinal. A união dessas fibras fica antes do forame intervertebral, formando um nervo espinal misto, que se estende para a periferia. Antes do encontro com as raízes ventrais, as raízes dorsais apresentam um **gânglio espinal**, uma protuberância formada pelo agrupamento de corpos de neurônios.

Figura 6.7 Esquema dos pares de nervos craniais

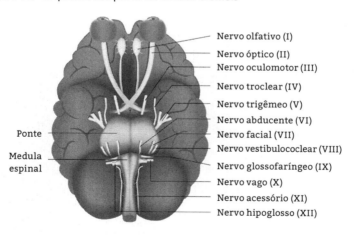

Figura 6.8 Esquema dos pares de nervos espinais

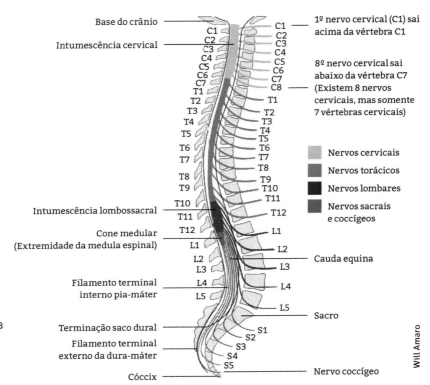

Fonte: Elaborado com base em Netter, 2008.

Os nervos espinais formam ramos dorsais e ventrais após passarem pelo forame intervertebral. Os ramos dorsais se subdividem em ramos menores, responsáveis por inervar músculos da nuca, das costelas, eretores da coluna ou da região glútea, dependendo do segmento da coluna em que o nervo teve origem. Os ramos ventrais se comunicam e formam redes de nervos entrelaçados no nível cervical, braquial e lombossacral, denominadas *plexos*.

Figura 6.9 Esquema dos pares de nervos espinais

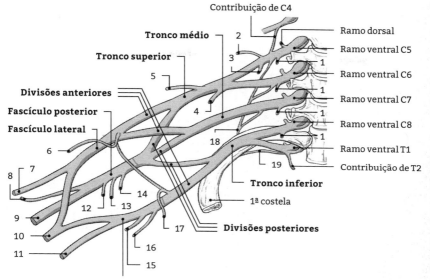

1. Nervos para os músculos longuíssimo do pescoço e escaleno (C5, C6, C7 e C8)
2. Nervo dorsal da escápula (C5)
3. Nervo ligado ao nervo frênico
4. Nervo subclávio (C5 e C6)
5. Nervo supraescapular (C5 e C6)
6. Nervo peitoral lateral (C5, C6 e C7)
7. Nervo musculocutâneo (C5, C6 e C7)
8. Nervo axilar (C5 e C6)
9. Nervo radial (C5, C6, C7, C8 e T1)
10. Nervo mediano (C5, C6, C7, C8 e T1)
11. Nervo ulnar (C7, C8 e T1)
12. Nervo subescapular inferior (C5 e C6)
13. Nervo toracodorsal ou subescapular médio (C6, C7 e C8)
14. Nervo subescapular superior (C5 e C6)
15. Nervo cutâneo medial do antebraço (C8 e T1)
16. Nervo cutâneo medial do braço (T1)
17. Nervo peitoral medial (C8 e T1)
18. Nervo torácico longo (C5, C6 e C7)
19. 1º nervo intercostal

Fonte: Elaborado com base em Netter, 2008.

Figura 6.10 Esquema dos pares de nervos espinais

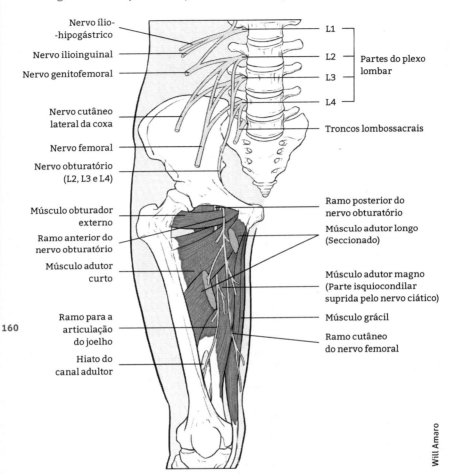

Fonte: Elaborado com base em Netter, 2008.

6.5 Aplicações práticas

Os mecanismos de aprendizagem de novos movimentos (como o saque do vôlei, o arremesso do basquete e um movimento de dança) não são completamente esclarecidos. Acredita-se que as vivências motoras do corpo interagindo com o ambiente formem, a longo prazo, programas motores armazenados na memória no nível encefálico. Tais programas seriam um conjunto de sinais elétricos organizados previamente pelo sistema nervoso central, de forma que, quando executados, seriam regulados e ajustados conforme as demandas do movimento desejado (com mais força ou mais velocidade, mais amplitude etc.). Assim, a constante interação com o ambiente explica como uma criança progressivamente desenvolve habilidades motoras sem qualquer instrução externa, como engatinhar para andar, andar para correr e correr e saltar.

Portanto, é fundamental que as experiências motoras sejam estimuladas por meio de desafios e de contextos variados. A extraordinária adaptabilidade do sistema nervoso central às condições do ambiente e da tarefa faz com que os indivíduos aprendam habilidades motoras que podem melhorar seu desempenho nos esportes e nas atividades da vida diária e, consequentemente, exigir menos esforço. Entretanto, nem todo movimento é voluntário. O sistema nervoso central tem mecanismos de autodefesa que são ativados sem que haja sinais descendentes de áreas motoras do córtex cerebral, os chamados *reflexos*. Por exemplo, ao colocar acidentalmente a mão sobre uma superfície muito quente, os sinais aferentes que chegam à medula desencadeiam uma resposta medular eferente imediata, que faz os músculos se contraírem para afastar a mão antes de queimar a pele. Esse mecanismo é inerente ao sistema nervoso central autônomo e, portanto, assim como a digestão, a respiração etc., não é aprendido.

Ⅲ *Síntese*

Neste capítulo, examinamos a complexa organização anatômica das estruturas do sistema nervoso. Essa complexidade é explicada pela extraordinária interação entre os elementos de controle autônomo e voluntário do organismo. A divisão entre sistema nervoso central e periférico é, sobretudo, didática, pois não é possível dissociar suas funções isolando estruturas como se fossem independentes. Nesse sentido, a apresentação anatômica das estruturas do encéfalo é mera descrição morfológica, pois, como todo o sistema nervoso, elas dependem de informações que trafegam pela medula e pelo sistema nervoso periférico.

Para facilitar a compreensão da neuroanatomia sob o ponto de vista funcional, apresentamos o sistema nervoso central como um centro de captação e interpretação de informações e de controle da atividade de órgãos e músculos. Já a anatomia do sistema nervoso periférico foi comparada a um sistema condutor de impulsos elétricos, que funciona como uma rede de cabos que conduz informações de controle e/ou sensibilidade no sentido uni ou bidirecional.

■ *Atividades de autoavaliação*

1. Qual é a estrutura anatômica responsável pela comunicação entre o cerebelo, a medula espinal e o cérebro?

    a) Giro pós-central.

    b) Sulco central.

    c) Lobo frontal.

    d) Giro pré-central.

    e) Tronco encefálico.

2. Assinale a alternativa que cita as duas estruturas anatômicas que se intercomunicam por meio do corpo caloso:

    a) Hemisfério cerebral direito e hemisfério cerebral esquerdo.

    b) Bulbo e plexo cervical.

    c) Mesencéfalo e bulbo.

    d) Bulbo e cerebelo.

    e) Giro pré-central e giro pós-central.

3. Qual é a função das meninges?

a) Comunicação entre os hemisférios direito e esquerdo do cérebro.
b) Comunicação entre o cerebelo e o tronco encefálico.
c) Proteger mecanicamente o sistema nervoso central.
d) Formar um nervo espinal a partir da convergência das raízes motoras e sensoriais.
e) Formar os plexos braquial e lombossacral a partir dos nervos espinais.

4. Assinale a alternativa que descreve corretamente as funções do cerebelo:

a) Coordenação motora e equilíbrio.
b) Respiração e batimentos cardíacos.
c) Visão e audição.
d) Controle das glândulas endócrinas.
e) Olfato e paladar.

5. Assinale a alternativa que cita corretamente os pares de nervos espinais que formam as raízes do plexo braquial:

a) C6, C7, T1 e T2.
b) C5, C6 e C7.
c) C5, C6, C7, C8 e T1.
d) C7, C8, T1 e T2.
e) C4, C5, C6, C7 e C8.

Atividades de aprendizagem

Questões para reflexão

1. Explique como o sistema nervoso central e o sistema nervoso periférico são interdependentes para garantir que o corpo funcione de forma integrada.

2. Explique a importância do sistema nervoso autônomo, considerando as alterações fisiológicas causadas por seu controle, principalmente durante a prática de atividades físicas.

Atividade aplicada: prática

1. Escreva um texto sobre as características de pessoas com lesão medular, suas limitações motoras e suas possibilidades de prática de atividades físicas. Inclua a transcrição de uma entrevista com um cadeirante que pratique um esporte adaptado, a qual deve apresentar perguntas sobre a diferença que a prática de esportes fez na vida do entrevistado.

Considerações finais

Quando se tem contato com o estudo da anatomia humana, é comum se surpreender com a imensa quantidade de termos, o que exige um grande esforço de memória e concentração. Por outro lado, à medida que se explora a fascinante arquitetura do corpo humano, o interesse pela ciência aumenta. Como consequência, o interessado em ciências da saúde pode se tornar mais bem preparado para entender o funcionamento do corpo.

Por essa razão, esperamos que esta obra contribua para sua formação profissional e – por que não? – pessoal. Afinal, entender o corpo ajuda a compreender melhor o ser humano como fruto de uma natureza complexa, porém extraordinária.

Glossário

Alvéolos pulmonares: Unidades funcionais microscópicas dos pulmões responsáveis pela hematose.

Anéis cartilaginosos: Anéis semifechados em "c", dispostos em intervalos ao longo da traqueia e dos brônquios para impedir o colabamento de suas paredes.

Ânulo fibroso: Formado por anéis de fibrocartilagem que ficam ao redor do núcleo pulposo do disco intervertebral.

Aorta: Principal artéria do corpo. Sua raiz surge da abertura de saída do ventrículo esquerdo.

Arco da aorta: Arco da parte torácica da aorta proveniente das raízes do tronco braquiocefálico, da artéria carótida comum esquerda e da artéria subclávia esquerda.

Artérias: Vasos que conduzem o sangue do coração aos demais órgãos.

Artérias coronárias: Ramificações da raiz da artéria aorta que suprem o coração.

Arteríolas: Artérias de menor diâmetro que se comunicam com o leito de capilares.

Articulação: Contato anatômico (móvel ou imóvel) entre dois ossos.

Átrios: Câmaras ocas que recebem o sangue desoxigenado proveniente das veias cava inferior, cava superior e seio coronário.

Brônquios: Tubos musculares formados pela bifurcação da traqueia; subdividem-se e formam a árvore brônquica.

Capilares: Menores vasos sanguíneos, com somente a túnica íntima; formam uma rede microscópica (leito) onde ocorrem as trocas entre o tecido e o sangue. O leito de capilares se comunica com as arteríolas e com as vênulas.

Cápsula articular: Envoltório de dupla camada que envolve e estabiliza os ossos. É formada (externamente) pela membrana fibrosa e (internamente) pela membrana sinovial.

Cartilagens articulares: Camada de cartilagem hialina lisa, localizada na superfície das epífises. Evita o atrito entre as epífises dos ossos, que se articulam entre si.

Cavidade nasal: Cavidade no crânio dividida em dois túneis aéreos pela lâmina perpendicular do osso etmoide e do vômer (septo nasal ósseo).

Ceco: Bolsa dilatada localizada no início do cólon ascendente do intestino grosso, no quadrante inferior direito da cavidade abdominal.

Conchas nasais: Saliências curvas nas paredes laterais da cavidade nasal revestidas por mucosa.

Cordas tendíneas: Cordões finos de tecido conjuntivo que se estendem dos músculos papilares aos folhetos das valvas atrioventriculares.

Córtex cerebral: Camada da superfície do cérebro formada pela concentração de corpos neuronais.

Cotovelo: Junção entre o braço e o antebraço. É formado pelo úmero, pelo rádio e pela ulna.

Diáfise: Corpo dos ossos longos.

Diástole: Relaxamento da parede muscular das câmaras do coração.

Disco intervertebral: Disco que fica entre dois corpos vertebrais. É composto de cartilagem fibrosa, proteínas e água.

Dorsal: Relativo às costas.

Duodeno: Primeira parte do intestino delgado; tem, aproximadamente, 25 cm de comprimento.

Endocárdio: Membrana que reveste o interior das câmaras do coração.

Epicárdio: Camada superficial da parede do coração.

Epífise: Extremidade dos ossos longos (distal e proximal).

Epiglote: Lâmina de cartilagem que bloqueia a abertura superior da laringe durante a deglutição.

Esôfago: Tubo muscular que conduz o alimento da faringe para o estômago.

Esqueleto apendicular: Divisão didática do esqueleto composta pelos ossos dos membros superiores e inferiores.

Esqueleto axial: Divisão didática do esqueleto composta pelos ossos da cabeça, pela coluna vertebral, pelas costelas e pelo esterno.

Estômago: Bolsa muscular curva, dividida em cárdia, fundo, corpo e piloro.

Faringe: Tubo muscular aberto – no nível das cavidades nasal e bucal e da laringe – que desemboca no esôfago.

Feixe de His: Tronco ímpar de condução do impulso elétrico proveniente do nó atrioventricular.

Fibras de Purkinje: Ramos de fibras especializadas que conduzem os estímulos elétricos provenientes do feixe de His.

Fígado: Órgão localizado no quadrante superior direito da cavidade abdominal, logo abaixo do músculo diafragma. Divide-se em lobos direito, esquerdo, caudado e quadrado.

Glândula parótida: Maior glândula salivar, situada na face lateral do ramo da mandíbula.

Glândula sublingual: Glândula salivar localizada no assoalho da cavidade bucal, abaixo da superfície inferior da língua.

Glândula submandibular: Glândula salivar situada na face medial do ângulo da mandíbula.

Glote: Aparelho responsável pela fonação, composto pelas pregas vocais e pela fenda (rima) formada entre elas.

Hilo pulmonar: Região da face medial pulmonar por onde passam os vasos sanguíneos pulmonares e os brônquios.

Íleo: Terceiro segmento do intestino delgado – desemboca no ceco.

Impressão cardíaca: Concavidades impressas nos pulmões, compostas pelo formato do coração.

Intestino grosso: Parte do trato gastrointestinal segmentada em quatro partes: cólon ascendente, cólon transverso, cólon descendente e cólon sigmoide.

Jejuno: Segunda parte do intestino delgado – fica entre o duodeno e o íleo.

Joelho: Junção entre coxa e perna. É formado pelo fêmur, pela tíbia e pela patela.

Laringe: Órgão cartilaginoso sustentado no pescoço pelo osso hioide.

Ligamentos: Bandas de tecido conjuntivo fibroso que ligam os ossos.

Linha epifisária: Linha óssea remanescente da calcificação completa da placa epifisária após o fim do crescimento longitudinal.

Linha mediana: Linha imaginária que atravessa longitudinalmente o centro do corpo, dividindo-o em duas metades.

Líquido sinovial: Fluido produzido e secretado por células da membrana sinovial da cápsula articular; lubrifica e nutre as cartilagens articulares.

Mediastino: Cavidade torácica delimitada lateralmente pelo espaço entre os pulmões, superiormente pelo primeiro arco costal, inferiormente pelo diafragma e posteriormente pela coluna torácica.

Membranas elásticas: Telas elásticas intermediárias entre as túnicas da parede das veias e das artérias.

Meniscos: Cartilagens semicirculares pares, superiormente côncavas e inferiormente planas, localizadas nos côndilos da tíbia.

Mesentério: Dobras de peritônio que sustentam o jejuno-íleo na cavidade abdominal.

Miocárdio: Camada muscular intermediária das paredes do coração.

Músculo diafragma: Músculo fino e curvo, em forma de cúpula, que delimita o assoalho da cavidade torácica.

Músculo papilar: Colunas musculares piramidais que emergem do fundo dos ventrículos.

Músculos intercostais externos: Músculos acessórios na inspiração forçada.

Músculos intercostais internos: Músculos acessórios na expiração forçada.

Nó atrioventricular: Grupo especializado de núcleos neuronais localizado no septo interatrial no nível da porção inferior do átrio direito.

Nó sinoatrial: Grupo de núcleos neuronais autoexcitatórios que produz o próprio potencial de ação na porção superior do átrio direito, próximo à abertura da veia cava superior.

Núcleo pulposo: Centro gelatinoso do disco intervertebral.

Ombro: Junção do braço com o tronco. É composto pela escápula, pela clavícula e pelo úmero – ossos que formam as articulações esternoclavicular, acromioclavicular e glenoumeral. A articulação escapulotorácica é uma articulação "não verdadeira", pois não há contato da escápula com as costelas.

Osso cortical: Tecido ósseo denso e compacto da camada mais superficial dos ossos.

Osso trabecular: Tecido ósseo de aspecto esponjoso, constituído por traves ósseas microscópicas, que forma a camada predominante abaixo do osso cortical.

Pâncreas: Órgão retroperitoneal alongado, situado no nível do duodeno, dividido em cabeça, corpo e cauda. É uma glândula endócrina que também tem função acessória no sistema digestivo.

Pelve óssea: "Bacia" óssea robusta, formada pela junção dos quadris direito e esquerdo, do sacro e do cóccix. É responsável por transferir o peso do tronco para os membros inferiores.

Pericárdio: Saco membranoso de dupla camada que envolve o coração.

Peritônio: Túnica de dupla camada que reveste toda a cavidade abdominal.

Placa (ou lâmina) epifisária: Camada de cartilagem hialina entre a epífise e a diáfise dos ossos longos – onde acontece o crescimento longitudinal (comprimento) dos ossos.

Plano frontal (ou coronal): Divide o corpo em partes anterior e posterior.

Plano mediano: Plano sagital que passa pela linha mediana do corpo.

Plano sagital: Divide o corpo em partes direita e esquerda.

Plano transverso: Divide o corpo em partes superior e inferior.

Pleura: Película de dupla camada (parietal e visceral) que veda a cavidade torácica e reveste os pulmões.

Quadril: Par de ossos planos do membro inferior. É composto pela calcificação dos ossos ílio, ísquio e púbis.

Septo interatrial: Parede do miocárdio que separa os átrios direito e esquerdo.

Septo interventricular: Parede do miocárdio que separa os ventrículos direito e esquerdo.

Sistema nervoso central: Centro de integração, comunicação e controle do sistema nervoso. É formado pelo encéfalo e pela medula espinal.

Sistema nervoso periférico: Conjunto de nervos que conduz impulsos elétricos e permite a comunicação do sistema nervoso central com todos os sistemas.

Sístole: Contração da camada muscular da parede das câmaras cardíacas.

Substância branca: Concentração de axônios mielinizados e células de suporte (glia) no sistema nervoso central.

Substância cinzenta: Concentração de corpos neuronais no sistema nervoso central. Em corte transverso na medula espinal, apresenta forma de "H".

Tornozelo: Junção do pé com a perna. É composto pela tíbia, pela fíbula e pelo tálus.

Traqueia: Tubo muscular que se estende do pescoço ao tórax, ramificando-se nos brônquios.

Tronco pulmonar: Artéria calibrosa principal que se bifurca em "T" para formar as artérias pulmonares direita e esquerda.

Túnica íntima (endotélio): Camada de revestimento interno da parede das veias e artérias.

Túnica média: Camada intermediária muscular da parede das veias e artérias.

Túnica adventícia: Camada mais externa da parede das veias e artérias.

Valva aórtica: Valva na raiz da aorta, composta de três válvulas semilunares em forma de bolsos, que impede o retorno do sangue para o ventrículo esquerdo.

Valva bicúspide (mitral): Valva atrioventricular que impede o refluxo do sangue para o átrio esquerdo.

Valva pulmonar: Valva na raiz do tronco pulmonar, formada por três válvulas semilunares em forma de bolsos, que impede o retorno do sangue para o ventrículo direito.

Valva tricúspide: Valva atrioventricular que impede o refluxo do sangue para o átrio direito.

Válvulas venosas: Dobras de tecido epitelial nas paredes internas das veias que impedem o refluxo do sangue.

Veia cava inferior: Conduz até o átrio direito o sangue venoso proveniente de órgãos abaixo do nível do coração.

Veia cava superior: Conduz até o átrio direito o sangue venoso proveniente de órgãos acima do nível do coração.

Veias cardíacas: Fazem o retorno do sangue venoso proveniente do próprio coração. As principais veias cardíacas desembocam no seio coronário.

Veias pulmonares: Conduzem até o átrio esquerdo o sangue oxigenado proveniente dos pulmões.

Veias: Vasos pelos quais o sangue retorna para o coração.

Ventrículos: Câmaras ocas de paredes musculares que recebem o sangue ejetado dos átrios.

Vênulas: Classificação das veias de menor diâmetro; comunicam-se com o leito de capilares.

Vesícula biliar: Bolsa em forma de pera, anexa à face inferior do lobo direito do fígado, que armazena a bile produzida pelo fígado.

Vista anterior: Observação pela frente.

Vista dorsal: Observação posterior da mão ou superior do pé.

Vista inferior: Observação por baixo.

Vista lateral: Observação pelo lado direito ou esquerdo.

Vista medial: Observação a partir da linha mediana para o lado.

Vista palmar: Observação da palma da mão.

Vista plantar: Observação inferior do pé.

Vista posterior: Observação por trás.

Vista superior: Observação por cima.

Referências

DÂNGELO, J. G.; FATTINI, C. A. **Anatomia humana sistêmica e segmentar.** 2. ed. São Paulo: Atheneu, 2004.

FERNANDES, G. J. M. **Eponímia (glossário de termos epônimos em anatomia) e etimologia (dicionário etimológico da nomenclatura anatômica).** São Paulo: Plêiade, 1999.

LYONS, A. S.; PETRUCELLI, R. J. **História da medicina.** Tradução de Nelson Gomes de Oliveira. Barueri: Manole, 1997.

MARGOTTA, R. **História ilustrada da medicina.** Barueri: Manole, 1998.

MOORE, K. L.; DALLEY, A. F.; AGUR, A. M. R.**Anatomia orientada para a clínica.** Tradução de Claudia Lucia Caetano de Araujo. 5. ed. Rio de Janeiro: Guanabara Koogan, 2007.

NETTER, F. H. **Atlas de anatomia humana.** Tradução de Adilson Dias Salles. 4. ed. Rio de Janeiro: Saunders Elsevier, 2008.

SPENCE, A. P. **Anatomia humana básica.** Tradução de Edson Aparecido Liberti e Sergio Melhem. 2. ed. Barueri: Manole, 1991.

Bibliografia comentada

DÂNGELO, J. G.; FATTINI, C. A. **Anatomia humana sistêmica e segmentar.** 2. ed. São Paulo: Atheneu, 2004.

Esse livro é um dos poucos da literatura nacional que foi editado com as duas abordagens da anatomia humana: a sistêmica, que apresenta os órgãos comuns que interagem para uma função geral; e a segmentar, que apresenta todas as estruturas localizadas em um mesmo segmento corporal, tal como o tórax, o abdome, o pescoço e os membros inferiores.

MOORE, K. L; DALLEY, A. F.; AGUR, A. M. R. **Anatomia orientada para a clínica.** Tradução de Claudia Lucia Caetano de Araujo. 5. ed. Rio de Janeiro: Guanabara Koogan, 2007.

Essa obra faz correlações clínicas com a anatomia humana, citando doenças, traumas e anomalias estruturais e congênitas. As ilustrações são ricas em detalhes e buscam explicar o mecanismo de alguns traumas.

NETTER, F. H. **Atlas de anatomia humana.** Tradução de Adilson Dias Salles. 4. ed. Rio de Janeiro: Saunders Elsevier, 2008.

Trata-se de um dos maiores atlas de anatomia do mundo. As ilustrações de Frank Netter são verdadeiras obras de arte, aproveitadas em dezenas de livros e digitalizadas em *softwares* didáticos.

SPENCE, A. P. **Anatomia humana básica.** Tradução de Edson Aparecido Liberti e Sergio Melhem. 2. ed. Barueri: Manole, 1991.

Essa obra se destaca pela organização dos tópicos e pela clareza de sua redação – por exemplo, as palavras-chave são apresentadas em negrito ao longo dos capítulos. Suas gravuras são ricas em detalhes e seu glossário para consultas é denso em conteúdo.

Respostas

Capítulo 1

1. e
2. d
3. c
4. b
5. a
6. a
7. d

Capítulo 2

1. c
2. e
3. d
4. a
5. b

Capítulo 3

1. c
2. e
3. b
4. b
5. d

Capítulo 4

1. d
2. a
3. b
4. d
5. e

Capítulo 5

1. c
2. a
3. c
4. d
5. c

Capítulo 6

1. e
2. a
3. c
4. a
5. c

Sobre o autor

Sérgio Luiz Ferreira Andrade é doutor, mestre e graduado em Educação Física pela Universidade Federal do Paraná (UFPR). Seus estudos estão direcionados predominantemente à área de exercício. Atualmente, é professor de Anatomia Humana, Cinesiologia e Treinamento Resistido nos cursos de Educação Física e Fisioterapia. É palestrante e consultor técnico na área de musculação para academias.

Impressão:
Outubro/2019